Wie **Pferde** **coachen**

Von Pferden für das Leben lernen

ALEXANDRA RIEGER

Wie **Pferde** **coachen**

Von Pferden für das Leben lernen

Haftungsausschluss

Autorin und Verlag haben den Inhalt dieses Buches mit großer Sorgfalt und nach bestem Wissen und Gewissen zusammengestellt. Für eventuelle Schäden an Mensch und Tier, die als Folge von Handlungen und/oder gefassten Beschlüssen aufgrund der gegebenen Informationen entstehen, kann dennoch keine Haftung übernommen werden.

Gender Hinweis:
Aus Gründen der besseren Lesbarkeit wird auf die gleichzeitige Verwendung der Sprachformen männlich, weiblich und divers (m/w/d) verzichtet. Im Sinne der Gleichbehandlung gelten entsprechende Begriffe grundsätzlich für alle Geschlechter.

Gestaltung und Satz: Johanna Böhm, Dassendorf
Titelfoto: Christiane Slawik, www.slawik.com
Fotos im Innenteil: Meike Bölts, Martina Kiss, Cosima von Klebelsberg, Michaela Lankes, Raidho Healing Horses, Christiane Slawik, Astrid Stemmer, www.adobestock.com, www.shutterstock.com
Lektorat: Martina Kiss
Druck: Westermann Druck, Zwickau

Deutsche Nationalbibliothek – CIP-Einheitsaufnahme
Die Deutsche Nationalbibliothek verzeichnet diese Publikation in der Deutschen Nationalbibliografie; detaillierte bibliografische Daten sind im Internet über http://dnb.ddb.de abrufbar.

Printed in Germany
eISBN: 978-3-95847-728-5
ISBN: 978-3-95847-028-6

(Fotos: Christiane Slawik)

INHALT

(Foto: Michaela Lankes)

(Foto: Christiane Slawik)

5. KAPITEL

6. KAPITEL

(Foto: Cosima von Klebelsberg)

(Foto: Martina Kiss)

(Foto: Astrid Stemmer)

Vorwort

Bevor ich den Einstieg in die Pferdewelt fand, war mein Leben so wie das der meisten Menschen. Ich übte einen Beruf aus, der mich nicht mehr erfüllte, der mir jedoch meinen Lebensunterhalt ermöglichte. Bereits nach den ersten Wochen des intensiven Seins mit meinem damaligen ersten und (zu dem Zeitpunkt) einzigen Pferd wurde mir klar, dass ich mich verändern wollte, mehr noch, ich mich verändern musste. Es gab einige Überlegungen zu meiner neuen Berufung.

Ich wollte die Zügel meines Lebens in die Hand nehmen und einen Beruf ausüben, der mich erfüllte, der mich glücklich machte. Ich fühlte mich immer sofort glücklich, wenn ich in der Natur sein konnte, vor allem mit Pferden. Ich war mir sicher, ich wollte nicht mehr den ganzen Tag in geschlossenen Räumen verbringen, viele Stunden vor einem Computer.

Ich wollte meine Tage frei gestalten können, ich wollte frei und unabhängig sein. Ich wollte mich lebendig fühlen und einer Tätigkeit nachgehen, die mich begeistert und erfüllt.

Ich wollte mit Pferden und Menschen arbeiten.

Kurzum, ich entschied, mein Leben von Grund auf zu verändern. Dabei kam auch der Gedanke, dass, wenn es mir so ging, es auch anderen so gehen könnte. Und ich wollte ebenso andere Menschen, die ähnlich wie ich empfanden, dazu bewegen, sich auch zu hinterfragen. Denn jeder hat die Kraft und kann sein Leben ändern, damit er glücklicher wird.

Heute kann ich sagen, jede Entscheidung hat sich gelohnt. Ich gehe meinen Weg. Heute bin ich glücklich und übe einen der schönsten und erfüllendsten Berufe aus. Ich begleite Menschen, in ihre ureigenste Kraft und Macht zu finden.

Natürlich gab es auf dem Weg dorthin Momente des Zweifels, Momente, in denen ich so weit von meinem Ziel entfernt schien, dass mein Verstand meinte: „Das schaffst du nie!“ Doch war ich durch die Lehren der Pferde bereits so gefestigt, dass die Einwände meiner konditionierten Anteile keine wirkliche Kraft mehr auf mich ausüben konnten.

Deshalb will ich mit Raidho Healing Horses andere Menschen bestärken und motivieren: Folge deiner Intuition und gehe deinen Weg! Du wirst glücklicher, selbstbewusster, folgst deinem Herzen und findest Erfüllung in deiner Aufgabe!

Alexandra Rieger

1. Kapitel

Nimm die Zügel deines
Lebens in die Hand
und werde glücklich!
(Alexandra Rieger)

(Foto: Christiane Slawik)

Das Pferd – dein Coach

Was Pferde uns lehren

Pferde sind ein Teil der Natur und die Natur unterliegt einer höheren Ordnung. Damit unterliegen auch die Pferde einer höheren Ordnung – so wie jedes Lebewesen, das der Natur nahesteht. Diese höhere Ordnung wird auch für uns zum Leitfaden, damit wir zunächst in uns etwas bewirken, nämlich ein erhöhtes Bewusstsein erringen, zu mehr Klarheit kommen, unsere Stärken, Fähigkeiten und Talente entwickeln können, damit wir letztendlich unsere Berufung leben können.

All das bewirkt, dass wir in die Energie der „neuen Welt" eintreten können. Die alte Welt ist gekennzeichnet durch Schwere, durch Funktionierenmüssen und durch Unfreiheit. Die „neue Welt" hingegen ist gekennzeichnet durch Freude, Freiheit und Leichtigkeit. Durch die Lehren der Pferde gelangen wir in die „neue Welt", um im zweiten Schritt andere Menschen, Klienten dorthin begleiten zu können.

Pferde sind Teil der Natur und folgen den Gesetzen der Natur. (Foto: Meike Bölts)

Finde heraus, was dich wirklich glücklich macht

Der Weg zur eigentlichen Berufung ist immer mit Ängsten verbunden, die aber nicht von einem selbst kommen, sondern durch unser Umfeld geprägt sind. Das hindert die meisten Menschen am eigenen Glück. Und es kommen Zweifel und Verunsicherung auf.

Nach der klaren Entscheidung, meiner Berufung zu folgen, kamen in mir natürlich sehr viele Fragen hoch. Ist man sich darüber klar, dass man einen neuen Weg gehen will, ist es von Vorteil, sich ebenso solche (für jeden individuell andere) Fragen zu stellen. Deshalb stellte ich mir einige Fragen, durch die sich herauskristallisieren sollte, was mir und jedem Einzelnen von uns wichtig ist:

★ Wie kann ich aus meiner Situation, die komplett konträr zu der ist, die ich mir wünsche, in eine neue Situation gelangen?

★ Wie kann ich Menschen und Pferden gleichermaßen helfen?

★ Wie finde ich meine zukünftigen Klienten?

★ Wie kann ich in einem Einstellerstall Kunden betreuen?

★ Wie gelingt es mir, dass meine Kunden mich finden?

Alles Fragen, die ich für mich positiv beantworten konnte. Dabei ging die Entscheidung selbst mit einer Leichtigkeit vonstatten, die mich erstaunte. Die Erkenntnis: So fühlt es sich an, wenn man auf dem richtigen Weg ist.

Entscheide dich und beginne, deinen Weg zu gehen

Eine Entscheidung zu treffen, ist macht- und kraftvoll. Eine Entscheidung zu treffen, setzt unglaublich viele neue Energien frei. Damit du nicht wankelmütig auf deinem Weg wirst, brauchst du Wissen und Handwerkszeug, damit Hindernisse und Schwierigkeiten überwunden werden können. Denn eines ist dir sicher: Schwierigkeiten und Hindernisse. Sie sind Bestandteil eines jeden Weges. Wir brauchen sie, denn nur durch sie können wir wachsen und unser wahres Potenzial entfalten.

Durch die „Lehren der Pferde" bekommst du das notwendige Wissen und auch das „Handwerkszeug" in die Hand, um sicher und zielsicher deine Visionen zu realisieren. Durch die „Lehren der Pferde" konnte ich mein Leben von Grund auf revolutionieren und viel mehr erreichen, als ich in meinen kühnsten Träumen damals fähig war, zu denken.

Pferde sind klare Wesen, sie erwarten klare Handlungen von dir. (Foto: Martina Kiss)

Vom Denken zum Wollen zum Fühlen zur Handlung – so sieht das Pferd die Führung in dir. (Foto: Martina Kiss)

Was beinhalten die Lehren der Pferde und was bewirken sie in dir?

- ★ Setze Grenzen!
- ★ Verwandle negative Aspekte in reine Energie
- ★ wie ein Alchemist, der „Blei in pures Gold“ verwandelt.
- ★ Entwickle persönliche Kraft und lerne, ureigene Stärke und Macht dienend einzusetzen.
- ★ Komme in die Verbindungsenergie. Verbinde dein Denken mit dem Wollen und mit dem Fühlen. Damit werden deine Handlungen macht- und kraftvoll.
- ★ Gewinne Klarheit zwischen den konditionierten Energien in dir und deinem wahren Sein.
- ★ Werde präsenter, das heißt, komme in eine erhöhte Gegenwärtigkeit.

Drei Fragen, die dein Leben vereinfachen

Die Lehren der Pferde lassen sich auf drei Fragen reduzieren. Das ist ein großer Vorteil, denn durch diese Reduktion kommst du in eine Qualität, die du - und jeder andere Mensch - dringend brauchst: die Einfachheit. Du kommst heraus aus der Komplexität des Verstandes und zurück zur Natürlichkeit.

Durch diese drei Fragen, die das Pferd unbewusst stellt, hast du immer die Zügel in der Hand, vor allem dann, wenn du Gefahr läufst, in die Komplexität des Verstandes abzudriften.

Das Pferd fragt immer und der Mensch sollte durch seine (oft unbewussten) Antworten die Zügel in der Hand haben. (Foto: Martina Kiss)

Das Pferd fragt den Menschen:

1. Kannst du mich bewegen?
   Die Frage, die das Leben an den Menschen stellt: Hast du genug Energie, um in die Eigenmotivation zu kommen? Kannst du dich selbst bewegen? Wohin? In die für dich bestimmte Richtung?

2. Kannst du mir die Richtung vorgeben?
   Hier will das Leben wissen: Kennst du deinen Lebensweg, deine Aufgabe?

3. Kannst du mir die Gangart vorgeben und bist du fähig, diese zu halten?
   Hier will das Leben nichts Weiteres von uns wissen, als zu erfahren, ob wir in der Lage sind, unsere Energien auf die Ebene zu bringen, die unserem Ziel, unserer Lebensaufgabe, unserer Richtung entspricht.

2. Kapitel

Werde zu einem Menschen, der etwas bewegt, statt bewegt zu werden.

(Foto: Martina Kiss)

Das Sein mit dem Pferd

Essenzielle Fragen in der Interaktion mit dem Pferd

Was ist die Außenlebenssphäre?

So wie du deine Person und das Feld um dich herum kennst, solltest du deine Außenlebenssphäre kennen. Was ist die Außenlebenssphäre? Was gewinnst du durch das Kennen deiner Außenlebenssphäre?

★ **Du gewinnst Kontrolle**

Du kannst entscheiden, wer und was in deinem Raum sein darf. Durch das Bewusstwerden der eigenen Außenlebenssphäre erringst du Kontrolle über dein eigenes Leben. Dadurch, dass du dir Raum gibst, Raum zugestehst, entsteht äußeres und inneres Wachstum. Solange du keinen oder nicht genug Raum hast, kannst du dich nicht entfalten – weder im Innen und noch viel weniger im Außen. Deshalb ist es von essenzieller Bedeutung, dass du dir deines Individualraumes bewusst wirst. Du erlangst dadurch die Kontrolle in deinem Leben.

★ **Du gewinnst Kompetenz**

Durch die Fähigkeit, klare Grenzen zu setzen, den eigenen Raum bestimmen zu können, bekommst du die Fähigkeit, diesen zu wahren. Durch klare Grenzen entsteht in dir die Fähigkeit der Klarheit.

★ **Du gewinnst Kongruenz**

Durch die Fähigkeit, deinen Raum zu erkennen, diesen zu wahren, durch das klare Grenzensetzen entsteht in dir die Fähigkeit, deine vier Wesensglieder (Denken – Fühlen – Wollen – Handeln) unter Kontrolle zu bringen, was wiederum zu einer vermehrten Zentrierung führt. Du wirst „Leader" beziehungsweise König im eigenen Reich.

★ **Du gewinnst Kraft**

Auf welcher Ebene gilt es, dich zu zentrieren? In deinem „ICH BIN ICH", auf geistiger Ebene. Dieses Zentrieren bewirkt, dass du immer mehr in deine ureigene Macht und Kraft kommst. Du entwickelst deine persönliche POWER.

★ **Du gewinnst Verbindung**

Aus diesen Schritten resultiert eine Verbindung von deinem Geist mit deiner Seele und mit deinem Körper. Bist du innerlich verbunden, dann kannst du dich mit deinem Gegenüber verbinden und mit deiner Umwelt.

Wer bewegt wen?

Diese Frage entspricht einer der zentralsten Dynamiken in einem Herdenverband. Das ranghohe Pferd hat eine energetisch stärkere Außenlebenssphäre als das rangniedrige Pferd. Das heißt, das rangniedrige Pferd muss dem ranghohen Pferd weichen. Es wird bewegt. Das ranghohe Pferd kann sich frei bewegen und auch den Platz eines rangniedrigen Pferdes einnehmen, während ein rangniedriges Pferd es sich nie erlauben wird, in den Raum eines ranghöheren Pferdes einzutreten. Diese Dynamik geschieht über das Wahrnehmen der Außenlebenssphäre. Je höher das

(Foto: Martina Kiss)

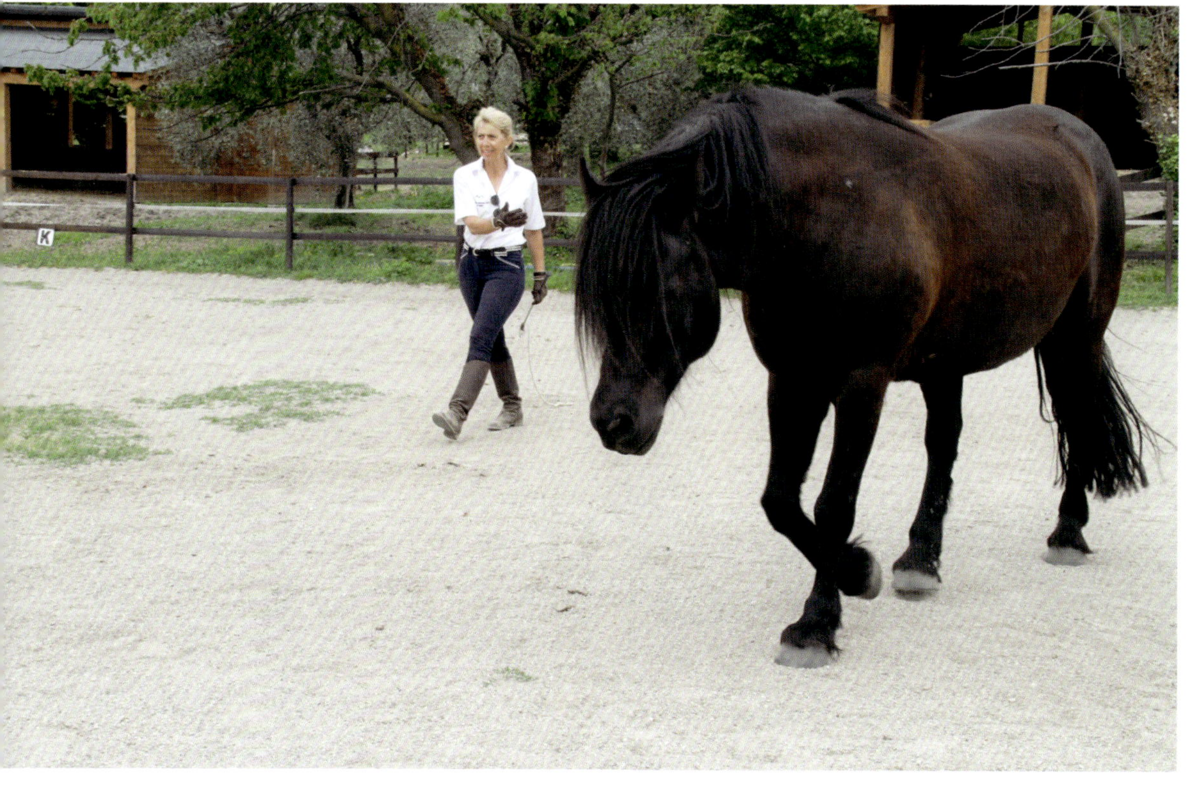

Das Pferd fragt den Menschen: Wer bewegt wen? (Foto: Martina Kiss)

Pferd in seiner Evolution steht, sprich, je höher es energetisch dasteht, desto weniger physische Bewegungen wird es tätigen müssen, um seinen Raum zu wahren, denn dieser wird über das Fühlen wahrgenommen. Pferde erfühlen gegenseitig die energetische Verfassung. Der Mensch kann das auch, und zwar immer dann, wenn er sich seinem Fühlen öffnet. Um bewegen zu können, statt von anderen bewegt zu werden, ist es notwendig, dass du deine Außenlebenssphäre kennst und sie wahren kannst.

Die Außenlebenssphäre ist das Energiefeld, das jedes Lebewesen um sich bildet. Es ist jener Bereich um das Wesen, das alle Informationen auf energetischer Ebene enthält. Diese Außenlebenssphäre kann nicht mit dem Verstand, sondern nur über das Erfühlen wahrgenommen werden. Hier ist das Pferd ein Meister, denn es erfühlt leiseste Schwingungen, Unstimmigkeiten im Energiefeld seines Gegenübers. In der Interaktion ist das Pferd ein interessanter Meister, da es immer wieder Rückmeldung gibt, inwieweit wir in der Interaktion kongruent sind.

Dieses Erfühlen wird als emotionale Intelligenz bezeichnet, da immer mehr erkannt wird, dass der Verstand ein sehr geringes Fassungsvermögen hat. Er kann sehr wenig von der Gesamtrealität wahrnehmen, während über das Fühlen ein weitaus größerer Teil erfasst, erkannt und entschlüsselt werden kann – eine Intelligenz, die uns auf unserem Weg noch sehr intensiv beschäftigen wird.

In den Individualraum des Menschen sollte das Pferd nicht eindringen. (Foto: Martina Kiss)

Wie groß ist dein Individualraum?

Dein Individualraum ist etwa so groß, wie deine Arme lang sind. Um deinen Individualraum erfühlen zu können, stellst du dich aufrecht hin und schließt die Augen. Nun streckst du die Arme nach außen und drehst dich mit geschlossenen Augen um die eigene Achse. Dies ist dein unsichtbares Reich. Für dieses Reich bist du verantwortlich. Du entscheidest, wer und was (Qualitäten) in deinem Reich sein darf.

Der Individualraum des Pferdes ist mindestens zehnmal größer als der des Menschen und es erfühlt präzise, welche Qualitäten sein Gegenüber in seinem Individualraum trägt. Aus diesem Grund sind Pferde so hervorragende Coaches, da sie all jenes erfühlen, dessen sich der Mensch nicht beziehungsweise nicht mehr bewusst ist.

3. Kapitel

★

Wenn du die Welt verbessern willst, dann werde König in deinem Reich!

(Alexandra Rieger)

(Foto: Christiane Slawik)

Die eigene Persönlichkeit

König im eigenen Reich

Stell dir vor, wie du in deinem Reich, in deinem Inneren, souverän herrschst. Dabei unterstützen dich deine vier Minister. Dadurch gewinnst du immer mehr an Zentrierung, innerer Stabilität und Souveränität. Dies bewirkt, dass du in dir und für dich zum Referenzpunkt wirst und somit automatisch für andere Menschen. Du bestimmst, wann und mit wem du arbeitest, und lebst ein selbstbestimmtes, klares und freies Leben! Sind das nicht wunderbare Aussichten? Aussichten, die einem König entsprechen. Du glaubst, dass das für dich nicht gilt? Doch, du kannst König sein und ein für dich bestimmtes Leben führen. Glaub an dich, du kannst das. Du musst nur deine Minister kennen und sie führen. Dazu braucht es das Wissen und die Bereitschaft, König in deinem Reich sein zu wollen. Mache dich auf die spannende Reise und entdecke den König, der du bist, und verbessere dadurch die Welt.

Erkenne deine Wesensglieder

NORDEN – ERDE – HANDELN
Im Norden ist es das Handeln. Hier drückt sich unser Schöpfer über Mutter Erde aus und du dich über dein HANDELN.

WESTEN – WASSER – FÜHLEN
Der Westen ist dem Wasser zugeordnet und du drückst dich hier über das FÜHLEN aus.

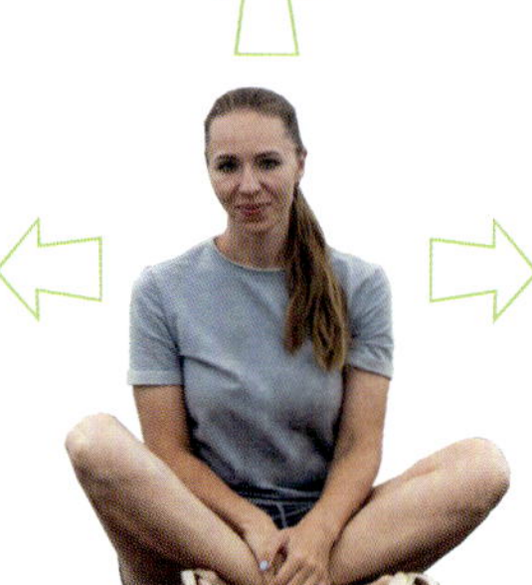

OSTEN – LUFT – DENKEN
Die höchste Kraft, der Schöpfer, drückt sich in der Natur über die vier Elemente aus. Jedes Element ist einer Himmelsrichtung zugeordnet. Das DENKEN drückt sich im Osten aus. So wie sich der Schöpfer, die höchste Kraft, in der Natur über die Luft ausdrückt, so drückst du dich über das Wesensglied des Denkens aus.

SÜDEN – FEUER – WOLLEN
Das Wollen ist im Element Feuer angesiedelt. Dieses Element ist der Himmelsrichtung Süden zugeordnet, hier drückst du dich über das WOLLEN aus.

Jedes Wesensglied entspricht einer Himmelsrichtung und diese einem Element. (Foto: www.shutterstock.com/Olinchuks)

(Foto: Martina Kiss)

Erkenne deine Wesensglieder, sprich Minister, und regiere in deinem Reich. Durch das Bewusstsein deiner Außenlebenssphäre bekommst du Kontrolle über dein Leben, da du deine vier Wesensglieder unter Kontrolle bringst.

Nun gilt es, diese Wesensglieder unter deine Herrschaft zu bringen. Deshalb ist es so wichtig, dass du in dir ein Bewusstsein deiner Außenlebenssphäre schaffst, damit du dich in deinem Raum zentrieren kannst. Diese Zentrierung findet statt, indem du Position beziehst und die vier Wesensglieder unter deine Kontrolle bringst. Ohne Kontrolle über deine Wesensglieder werden sie dich beherrschen und dich aus deinem Zentrum verschieben.

Du wirst aus der Position des Leaders, der Herrschaft, verschoben und eines oder mehrere unserer Wesensglieder übernehmen die Führung. Ein Phänomen, das vielen Menschen passiert, ausgelöst durch mangelndes Bewusstsein, durch mangelndes Wissen den eigenen Energien gegenüber. Dann ist der Mensch wie ein Blatt im Wind und wird ständig verschoben. Wird man durch die eigenen Energien verschoben, wird man defensiv – auf geistiger und seelischer Ebene. Man verliert seine Zentrierung, die Fähigkeit, ein Referenzpunkt im eigenen Reich zu sein.

Durch diese inneren Dynamiken mit der Frage „Wer bewegt wen?", sprich, bewegst du aus deinem Zentrum heraus deine Wesensglieder oder wirst du durch sie bewegt?, entsteht „Reibung" und durch diese Reibung geschieht Wachstum.

Du bist mehr als deine rationale Intelligenz – viel mehr!

Die Außenlebenssphäre enthält alle Informationen eines Lebewesens. Deine Verstandesintelligenz macht etwa sieben Prozent deiner Gesamtintelligenz aus. Darüber hinaus verfügst du noch über weitere Intelligenzschienen. Durch das Aktivieren deiner weiteren Intelligenzschienen durchbrichst du Grenzen. Über deine Verstandesintelligenz hinaus verfügst du über eine Herz- beziehungsweise Seelenintelligenz und über eine Körperintelligenz. Diese 93 Prozent werden in der Psychologie als das Unterbewusste, das Unbewusste bezeichnet. Durch die Lehren der Pferde kannst du deine emotionale und deine Körperintelligenz erwecken, um so deine Lebensqualität erheblich zu verbessern.

Die Seelenintelligenz ist identisch mit dem, was heute als emotionale Intelligenz bezeichnet wird. Du kannst über das Fühlen sehr viel mehr wahrnehmen als nur über deinen rationalen Verstand. Damit ist aber nicht gemeint, dass der Verstand nicht wichtig ist, denn all das, was du als Mensch im Laufe deines Lebens bis heute gelernt hast, verdankst du deinen mentalen Fähigkeiten. Deine vier Wesensglieder sind durch all das geformt, was du in dir an Informationen seit deiner Geburt angesammelt hast. All das, was du im Laufe deines Lebens bewusst und unbewusst erfahren und erlebt hast, bildet eine Informationsquelle oder ein Feld in deinem unbewussten Bereich. Deshalb kannst du nun einen Schritt weiter gehen und deine Seelen- und Körperintelligenz anzapfen. Dadurch schaffst du Zugang zu deinen ureigenen Kräften und Talenten, damit du deiner dir bestimmten Lebensaufgabe folgen und in einem zweiten Schritt dann andere Menschen begleiten kannst.

Verwirkliche deine Wünsche

Es braucht Geduld, um etwas Neues zu lernen, den eigenen Weg zu gehen. Es ist der Geist der Geduld, den du an deine Seite rufen darfst. Vielleicht fragst auch du dich, worin überhaupt deine Lebensaufgabe besteht oder wie du sie erkennen kannst.

Egal welche Wünsche du hast, verwirkliche sie, denn es ist dein Leben. Pferde helfen, sich dieser Erkenntnis bewusst zu werden. (Foto: Martina Kiss)

Erkenne deine Wünsche, so erkennst du die Richtung, in die dich das Leben schicken will

Stelle dir die Frage: Was wünsche ich mir? Diese Frage klingt banal, aber hast du dich wirklich einmal intensiv mit dieser Frage auseinandergesetzt? Bist du wirklich in dich gegangen? Leben vielleicht in dir Wünsche, die dir unmöglich erscheinen, Wünsche, bei denen dein Verstand dir sagt, sie seien viel zu groß und schön, um wahr zu sein? Betrachte diese Wünsche genauer, denn hier liegt dein Wachstumspotenzial. Schau hin und gestalte die Wünsche so groß wie möglich. Limitiere dich nicht! Immer dann, wenn dein Verstand, der konditionierte Anteil in dir sagt, viel zu schön, um wahr zu sein, viel zu groß für dich, dann bist du ziemlich nahe an deiner Lebensaufgabe. Und hier beginnt natürlich die Arbeit, denn wenn du einmal erkannt hast, was deine innigsten Wünsche sind, beginnt dein Weg, dann darfst du beginnen, deine Fähigkeiten und Talente zu entwickeln.

Das ist natürlich mit Arbeit verbunden, mit Rückschlägen, mit Schwierigkeiten. Nur wer weiß, dass das Entwickeln, das Gehen des eigenen Weges auch mit Rückschlägen verbunden ist, wird die Geduld aufbringen, trotz aller Widrigkeiten den eigenen Weg zu beschreiten. Denn derjenige weiß: Das ist mein Weg. Deine Wünsche können tief in deinem Unterbewusstsein schlummern, da wir alle eben bereits in der Kindheit darauf hingewiesen worden

sind: Mach was Anständiges, mach was Sicheres, folge den logischen Gründen für diesen oder jenen Weg.

Auf diese Weise hast vielleicht auch du dich auf die Einflüsterungen deines Verstandes, der siebenprozentigen Erkenntnisebene begeben und hast das Erfühlen deiner Aufgabe unterdrückt. Dadurch, dass du Wünsche zulässt, kommst du zu dem, was seit vielen Jahren unbewusst in dir schlummert. Du gibst einem Erkenntnisprozess Raum. Solltest du nicht an deine Wünsche herankommen, frage dich: Welche Bedürfnisse habe ich?

Raum für Wünsche

Schreibe einfach deine Wünsche einmal auf, nimm dir Zeit und schreibe ungefiltert, ohne Zensur all das auf, was du dir sehnlichst wünschst. Stell dir vor, eine Fee fragt dich: Welche Wünsche darf ich dir erfüllen?

Schritte zur wahren Berufung

Beobachte deine Bedürfnisse, damit du deine Aufgabe erkennen kannst

Welche Bedürfnisse hast du, um wohin zu kommen? Wie möchtest du dich fühlen? Und zwar nicht ab und zu, sondern täglich? Wir werden erarbeiten, welche Gefühlslage du in dir zulassen willst. Schau ganz pragmatisch hin, achte auf deine ureigensten Bedürfnisse und frage dich:

★ Bin ich ein Morgenmensch?
★ Bin ich ein Abendmensch?
★ Wie muss der Tagesablauf sein, damit ich mich so fühlen kann, wie ich es entschieden habe?

Nur wer seiner wahren Berufung folgt, kann glücklich werden. (Foto: Martina Kiss)

Die Bewunderung, die du für andere empfindest, zeigt, wo deine Stärken und Talente schlummern

Sieh dich um, welche Menschen du bewunderst. Denn das, was du im anderen bewunderst, ist eine Fähigkeit, die auch in dir lebt. Vielleicht erst einmal auf latenter Ebene, aber es geht darum, dass du in einen Entwicklungsprozess gehst und diese Talente an die Oberfläche bringst. Dies kann nur selbstbestimmt geschehen, und das bedeutet, dass es sich hier um Arbeit handelt.

Die Tätigkeiten, die dich die Zeit vergessen lassen, sind jene, die etwas mit deiner Berufung zu tun haben

Beobachte, welche Tätigkeiten du mit Begeisterung ausübst. Welche Tätigkeiten sind es, die dich komplett einnehmen? Hier bekommst du ebenfalls einen Hinweis, in welche Richtung das Leben dich schicken will. Es wird sicherlich immer Hindernisse und Rückschläge geben, aber das muss auch so sein, denn du brauchst immer wieder die Gegenkräfte, damit du in deine aktive Kraft kommst.

Die Freude, die du empfindest, ist ein sicherer Indikator, auf dem richtigen Weg zu sein

Was bringt dir Freude? Die Freude ist eine Energie der neuen Welt. Die Berufe beziehungsweise die Berufungen der neuen Welt sind die, die mit Freude ausgeführt werden. Es gibt keinen Zwang, kein Gefangensein, keine Schwere, sondern nur das, was du mit Freude ausübst. Anhand dieser Schritte kannst du nun erkennen, in welche Richtung es in deinem Leben gehen soll.

Die Qualität in deinem Innenraum bestimmt über die Qualitäten, die du im Außen vorfindest

Sobald du deinen Raum festgelegt hast, bist du fähig, zu entscheiden, wer und was in deinem Raum sein darf und wer oder was nicht hineindarf. Solange du dieses Raumbewusstsein nicht hast, bist du grenzenlos. Du hast keine Macht über deinen Raum, da er für dich nicht existiert. So wie du diesen Raum auf physischer Ebene im Außen festlegst, so musst du ihn auch im Innen festlegen,

Befreie dich und gehe dadurch in die Freude und Leichtigkeit! Freiwerden geht nur über das Sichbefreien aus unerwünschten inneren Inhalten. (Foto: www.shutterstock.com/Subbotina Anna)

damit du deine Macht zurückgewinnst. Wenn du selbstbestimmt leben willst, musst du auch hier Entscheidungen treffen. Du entscheidest, welche Qualitäten du in deinem Raum haben möchtest. Zum Beispiel habe ich mich für folgende Qualitäten entschieden: Ich will die Qualität der Klarheit, Ruhe, Liebe, Weisheit, Macht, Freude, Leichtigkeit und Freiheit in meinem Raum. Es ist eine tägliche Herausforderung, diese Qualitäten in deinem Reich zur Verfügung zu haben. Du entscheidest täglich: Welche Qualitäten will ich heute in meinem Seeleninnenraum?

Von Gedankenmustern zu „Raumgeben"

Durch das bewusste Entscheiden der Qualitäten, die du in deinem Raum erlaubst, kommst du in einen verstärkten Erkenntnisprozess der Inhalte, die in dir leben. All das, was du bewusst (und auch unbewusst) wahrnimmst, wird in deinem Unterbewusstsein gespeichert. Das sind Erfahrungen von deiner Geburt bis zum heutigen Tag. Diese Speicherungen werden in der modernen Psychologie als Teilpersönlichkeiten bezeichnet, da man festgestellt hat, dass diese Speicherungen eine Intelligenz besitzen, eine primitive, die nicht nur leben und überleben will, sondern die auch wächst. Diese Speicherungen vernetzen sich untereinander und bilden ein sogenanntes Assoziationsgeflecht beziehungsweise den Schmerzkörper. Es gibt noch viele weitere Bezeichnungen für das, was in dir konditioniert ist, was deine Inhalte sind.

Durch das Erkennen und Erlösen, das heißt, dadurch, dass du dich aus diesem Schmerzkörper befreist, schaffst du Raum. Für was schaffst du Raum? Für dein authentisches Sein. Dieses authentische Sein muss sich nicht entwickeln, denn in dir lebt die Weisheit der ganzen Evolution. Indem du Inhaltliches auflöst, entsteht in dir Raum und damit Freiheit. Das ist die Freiheit, die du im Pferd wiederfindest und nach der du dich sehnst. Sie kannst du auch in dir finden. Es ist ein Sichbefreien aus jenen Energien, die dich einengen und blockieren. Diese Freiheit kannst du nur erreichen, indem du die Inhalte erkennst und sie auflöst. In dem Moment, in dem du dich aus diesen Inhalten befreist, befreist du dich aus Zwängen, Systemen, Gesetzmäßigkeiten.

Ein Freiwerden kann nur über ein Sichbefreien aus konditionierten Inhalten, Seelenanteilen geschehen. Wenn du in die Freiheit gehst, entsteht in dir Leichtigkeit. Du lädst Ballast ab, du befreist dich aus konditionierten Anteilen, aus der Schwere in dir. Es entsteht Leichtigkeit und dann ist die Freude eine natürliche Konsequenz. Und Freude ist der Maßstab, inwieweit du in deiner authentischen Seinsebene erwacht bist. Die steigende Freude in deinem Leben zeigt dir an, dass du auf dem richtigen Weg bist.

Beobachte, damit du erkennst und damit du die Macht der Entscheidung gewinnst

Dein konditionierter Anteil drückt sich über deinen Verstand aus. Du kannst es auch als das Ego bezeichnen. Es ist ein falsches Ich. Du bist jedoch dein authentisches Sein. Wie kannst du nun erkennen, welcher Anteil in dir konditioniert ist und welcher authentisch?

Hier darfst du dir die Position des „inneren Beobachters" erarbeiten. Diese Position kannst du nur einnehmen, wenn du in dir Stabilität und Zentrierung erschaffen hast.

Emotionen besitzen mitunter sehr viel Energie und daher besitzen sie potenziell die Fähigkeit, dich aus deinem Zentrum zu verschieben. Auf feinstofflicher Ebene sind es die Teilpersönlichkeiten, die dich ständig aus deinem Zentrum verschieben wollen, um dir einzureden, dass sie du sind. Wenn das geschieht, bist du komplett mit dieser Energie identifiziert und hast deine Macht über dich verloren. Deshalb brauchst du die Position des inneren Beobachters, der in so einer Situation erkennt, jetzt bist du in einer konditionierten Energie gefangen, oder er erkennt, dass du aus deiner authentischen Seite heraus denkst, willst, fühlst und handelst. Denn das, was du nicht erkennst, nicht wahrnimmst, manipuliert dich. Beobachten erwirkt ein Erkennen und wenn du erkannt hast, hast du die Macht der Entscheidung. Mit dieser Macht entscheidest du, welche Energie in deinem Raum bleiben darf und aus welcher du dich befreien willst. Die Frage, die dich in deinem täglichen Leben begleiten sollte, lautet: Wie fühlt sich die Situation an, wie fühlt sich das Gespräch, diese Nachricht/dieser Gedanke an?

4. Kapitel

(Foto: Martina Kiss)
B
Das Pferd fragt dich: Kannst du mir die Richtung vorgeben? Das Leben fragt dich: Kennst du deine Aufgabe? Kennst du sie nicht, dann bist du wie ein Blatt im Wind!
(Alexandra Rieger)

EMOTIONEN UND EMPFINDUNGEN

Das Erfühlen

Du kannst über das Fühlen sehr viel mehr von der Gesamtrealität wahrnehmen. Mit der Frage „Wie fühlt es sich an?" kannst du in die verschiedenen Situationen hineingehen, um zu erkennen, wie sich die Situation, das, was du gerade tust, für dich anfühlt. Wie fühlen sich die Nachrichten an, wie fühlt sich der Mensch an? Nicht um zu urteilen, sondern um emotional über die Empfindung ein Bewusstsein zu erlangen, was gerade geschieht.

Du entwickelst eine körperliche Wahrnehmung und emotionale und bestimmte Situationen rufen in dir genau das hervor. Deine körperliche Anspannung und die daraus resultierende Verspannung übertragen sich zu 100 Prozent auf dein Gegenüber, ebenso die emotionale Anspannung, was zu Druck in dir und im anderen führt.

Im Alltag ist es so, dass du auf diese Übertragungswahrnehmung keinen oder wenig Wert legst, weil du wenig oder kein Bewusstsein diesbezüglich mehr hast. Durch Übung lernst du, solche Situationen zu managen.

Hierzu eine Übung: Stelle dich einem Menschen gegenüber und spanne einen Körperteil an. Der Mensch dir gegenüber hat die Augen geschlossen und wartet nun ab. Diese körperliche Anspannung, die du in dir hergestellt hast, überträgt sich zu 100 Prozent auf dein Gegenüber.

So ist es auch mit emotionalen Verspannungen. Emotionen sind nichts anderes als Verspannungen auf feinstofflichen Ebenen und auf deine Umwelt. Deshalb ist es enorm wichtig, dass du ein Bewusstsein bezüglich der Anspannungen und Verspannungen entwickelst.

Die emotionale Verspannung wird von den Pferden sehr stark wahrgenommen – mehr noch als die körperliche Verspannung. Sie ist für das Pferd realer als äußere Dinge. Diese emotionale Verspannung, die ein Mensch in sich trägt, wird ebenso sehr stark von Kindern wahrgenommen. Dasselbe gilt auch für empathische und hochsensible Menschen.

Oft geschieht es, dass diese durch ein mangelndes Bewusstsein des eigenen Raumes nicht unterscheiden können, ob die jeweiligen Spannungen in ihnen entstanden sind oder ob sie aus einem anderen Menschen kommen. Hier entsteht dann Verwirrung bis hin zum inneren Chaos.

Beispiel: Inkongruente Menschen, die im Außen etwas anderes vermitteln, als sie in ihrem Inneren in sich tragen, fühlen, dass irgendetwas nicht stimmig ist. Inkongruenz entsteht, wenn Denken, Wollen, Fühlen, Handeln nicht auf einer Linie sind. Es entstehen – auf feinstofflicher Ebene – Spannungen und diese drücken sich dann in einer inkongruenten Verhaltensweise aus. Es sind letztendlich Verspannungen und diese produzieren im Gegenüber ebenfalls Verspannungen. Deshalb hat hier jeder eine große Verantwortung, die Verantwortung einer inneren „Aufrichtung".

Diese Aufrichtung bedeutet, dass Denken, Wollen, Fühlen, Handeln auf einer Linie sind und deshalb eine Aufrichtung geschehen kann. Dadurch entsteht Gelöstheit. Die Aufrichtung bedingt die Gelöstheit, so wie die Gelöstheit die Aufrichtung bedingt. Diese Maxime der großen Reitmeister ist deshalb eine allgemeingültige Maxime.

(Foto: Martina Kiss)

Wenn du die Emotion in deinen Bewusstseinsraum hineinlässt, kann sie dir sagen: „Wache auf, sieh hin und transformiere." (Foto: Martina Kiss)

Was sind Emotionen?

Emotionen entstehen aus Gedanken. Sie finden ihren Ursprung im Gedankengut. Ein Gedanke, der wiederholt gedacht wird, erzeugt in dir ein Muster. Alles, was du von Geburt an – bewusst und unterbewusst – aufgenommen hast, wird gespeichert und erzeugt in dir ein Muster. Wenn du immer wieder in der Qualität des Musters denkst, kann dieses Muster leben und wachsen. Diese Muster werden auch als Teilpersönlichkeiten bezeichnet.

Diese Teilpersönlichkeiten mit ihrer Überlebensstrategie verursachen in dir Gefühle und über deine Gefühle können sie sich nähren und nicht nur überleben, sondern auch wachsen. Aus diesen Gefühlen entstehen Emotionen und diese Emotionen erschaffen deine Realität.

Eine Analogie: Wenn du deinen Außenlebensbereich auf der physischen Ebene festlegst, kannst du über deine Sinne entscheiden, was oder wer in deinem Raum sein darf und was oder wer nicht.

Im Seeleninnenraum, in dem du dich nicht über die fünf Sinne orientieren kannst, spielen Emotionen eine zentrale Rolle, da sie dir die Fähigkeit der Orientierung geben, denn sie sind wie der Widerstand eines materiellen Gegenstandes, der dir anzeigt: *Achtung! Hier ist etwas.*

Aufgrund der Emotionen kannst du aufwachen, du bemerkst, dass du gegen/auf etwas „Inhaltliches" stößt, und bekommst so durch die Emotionen die Fähigkeit der Entscheidung – die Entscheidung, etwas so zu lassen oder etwas umzuwandeln.

Beobachte hier immer und immer wieder, was passiert. Wenn du die Emotionen nicht wahrnimmst, können sie ins Unterbewusstsein sinken und dann der entsprechenden Teilpersönlichkeit Nährstoff geben, sodass diese wachsen kann. Unterdrückst du diese Teilpersönlichkeit, bist du nicht in der Lage, diese Informationen für dich zu nutzen, und sie werden dich unbewusst beeinflussen.

Beobachte, damit du die Herrschaft in deinem Reich hast

Damit du im Moment des Entstehens der Emotionen erkennen kannst, dass es eine Emotion ist, dass es etwas Inhaltliches ist, brauchst du die innere Stabilität, damit du nicht von der Emotion verschoben wirst. Es gibt Emotionen, die sehr kraftvoll sind. Sie haben eine große Ladung Energie und sie haben die Möglichkeit, dich aus deiner Stabilität, deiner Zentrierung zu verschieben.

Dann hast du genau die Dynamik, die du im Außen beobachten kannst: *Wer bewegt wen?*

Wenn du durch Emotion verschoben wirst beziehungsweise aus deinem Zentrum bewegt wirst, bist du aus deinem Zentrum verdrängt. Wie äußert sich nun so ein Verschobenwerden? Es äußert sich durch eine Reaktion. Immer dann, wenn du reagierst, bist du in der schwächeren Position, das heißt, du wurdest bewegt und bist dadurch geschwächt.

Die Problematik ist, dass die Emotionen mit der Zeit in dir so an Kraft gewonnen haben, dass du dich mit ihnen identifiziert hast. Das heißt, du nimmst sie nicht mehr wahr, da sie dir eingeredet haben: Ich, Emotion, bin du. Erst durch die Position des Beobachters kannst du aus dieser Identifikation herauskommen. Du nimmst zu dieser Emotion inhaltlich Distanz ein und kannst nun aus der Position des Beobachters agieren.

Frei zu sein im Innen ist ein Freisein im Außen. Werde zu einem freien Menschen

Finde durch negative Emotionen deine größten Widersacher heraus und verwandle sie in Verbündete. Immer dann, wenn die Dinge nicht funktionieren, hast du die Möglichkeit, in Kontakt mit deinen Emotionen zu kommen. Das Nicht-Funktionieren wird für dich zur Chance, in deiner Entwicklung voranzuschreiten. Wenn bislang das Nicht-Funktionieren etwas sehr Negatives war, das du halb- oder unbewusst versucht hast zu umgehen, das dich geschwächt und klein gehalten hat, so ist es von nun an das „Sprungbrett“ in eine höhere Ebene. Du entdramatisierst dein Leben.

Über das Nicht-Funktionieren kommst du in Kontakt mit deinen Emotionen. Dann frage dich: Wo im Körper fühle ich die Emotion? Gedanken sind noch rein spiritueller Natur, die Emotion ist bereits ins Physische gegangen, das heißt, dass eine Emotion immer eine physische Komponente hat. Deshalb kannst du die Emotion im Körper wahrnehmen. Ist die Körperstelle gefunden, dann ist die nächste Frage:

★ WELCHE FORM, WELCHE FARBE HAT DIESE EMOTION?

Die Emotion zeigt an: Hier ist ein Inhalt! Wie fühlen sich Form und Farbe an, schwer, engt es ein, gibt es dir Weite? An diesem Punkt ist klar, dass es im Körper auf feinstofflicher Ebene einen Inhalt gibt, der einen Raum, eine Farbe und eine Form hat und Empfindungen hervorruft. Welche Botschaft will die Emotion übermitteln? Gib dir Zeit und bleibe in der Beobachterposition. Kommt keine Botschaft, kann es sein, dass diese zu einem späteren Zeitpunkt kommt, oder aber eine weitere Botschaft ist nicht notwendig.

Eine Botschaft ist allen Emotionen gleich: Wache auf, augenblicklich, verwurzle dich, zentriere dich, werde dir bewusst, dass in diesem Moment diese Emotion in dir ist, die dich wachrütteln will und die du transformieren kannst. In diesem Moment kannst du die Emotion in pures Bewusstsein verwandeln.

Verloren gegangene Seelenanteile

Hole dir verloren gegangene Seelenanteile zurück und im Außen wird sich dein inneres „Ganzsein“ in glückliche Umstände verwandeln. Im Laufe deines Lebens machst du unterschiedliche Erfahrungen, die nicht immer traumatisch sein müssen. Sie können für dich schwerwiegend sein, für einen anderen jedoch völlig belanglos. Erfahrungen, die so tiefgreifend waren, dass du sie kaum aushalten konntest, haben in dir etwas ausgelöst. In diesen schwierigen Situationen hast du etwas zurückgelassen. Es hat sich etwas in deiner Seele abgetrennt, das in dieser Situation zurückgeblieben ist. Das sind verloren gegangene Seelenanteile. Dadurch entsteht ein Vakuum, eine Leere. Diese innere Leere verursacht im Außen ganz spezielle Symptome, zum Beispiel das Suchen nach einer Erfüllung und nach einer Auffüllung dieser inneren Leere. Dieses Suchen kann so weit führen, dass es zur Sucht wird. Denn das innere Vakuum kann natürlich nicht durch Äußeres gefüllt werden, sondern es kann nur auf Seelenebene erfüllt, aufgefüllt werden. Dieses Aufgefüllt- beziehungsweise Erfülltwerden geschieht vor allem durch ein Bewusstwerden. Deshalb sind die Versuche im Außen zum Scheitern verurteilt.

Vor allem in der Kindheit haben viele Menschen bestimmt die ein oder andere Abspaltung unbewusst vorgenommen, da sie sich sonst in der ein oder anderen Situation nicht hätten entwickeln können. Die Seelenanteilsrückholung geschieht über die Emotionen. Jede Emotion hat einen körperlichen Aspekt und wenn du über die Emotion in deinen Körper hineingehst und Form und Farbe erkannt hast und es ist eine dunkle Farbe, Braun, Schwarz, und weist Tiefe auf, dann kannst du dort hineingehen. Gehe hinein, um zu erfühlen, ob dort Erfahrungen, Ereignisse abgespeichert sind.

Hast du erkannt, dass es eine oder mehrere Situationen gibt, dann gehe in diese Situation hinein, die vorrangig ist, und erfühle: Welche Qualität habe ich in dieser Situation verloren? Sobald du die Qualität erkannt hast, kannst du sie nun integrieren, indem du sie aussprichst. Somit geschieht eine Neuinformation auf der Zellebene über das bewusste Integrieren.

Beispiel: In dir kommt eine Erinnerung an eine längst vergangene Situation aus deiner Kindheit hoch, in der du gedemütigt oder verletzt wurdest. In dieser Situation hast du dein Selbstvertrauen verloren. Nun kannst du – während du diese Situation in deiner Vorstellung wieder durchlebst – erkennen, dass es wichtig ist, diese Qualität zurückzuholen. Vielleicht steigt sogar ein Mantra aus deiner Seele hoch. Dies könnte so lauten: „Ich vertraue mir selbst!“ Durch das bewusste wiederholte Aussprechen wird diese Qualität in dein Sein integriert – du machst es dir bewusst.

Ein anderes Beispiel: Masaru Emoto („Die Botschaft des Wassers“, „Die Antwort des Wassers“) hat in seinen Forschungen dargestellt, wie sich Wasserkristalle in wunderschönen Formen zeigen, wenn diese mit positiven Informationen angereichert wurden, und wie sie unschöne Formen bei negativen Informationen bilden. Wie wir aus der Homöopathie wissen, ist Wasser einer der besten Informationsträger. Da unser Körper zu mehr als 80 Prozent aus Wasser besteht, erfährt unser „Wassersein“ eine neue Information, wenn wir es mit positiver Energie speisen.

Emotionen und ihre Möglichkeiten

Jede Emotion enthält mindestens eine Botschaft. Jede Emotion fordert ein: Wache auf, und zwar jetzt, werde dir bewusst, dass jetzt diese Emotion da ist, damit du sie in pures Bewusstsein verwandeln kannst. Es kann sein, dass jede Emotion noch eine weitere Botschaft enthält, die aber jeder Mensch nur für sich selbst entschlüsseln kann. Es gibt einen groben Leitfaden, damit wir erfühlen können, worum es sich bei der ein oder anderen Emotion handeln kann.

ANGST

ANGST, die dich ins Vertrauen bringen will

Es gibt zwei Formen von Angst: die überlebenswichtige und die unnötige. Die wertvolle Angst, die lebensrettende, entsteht im Körper, ist augenblicklich da und veranlasst dich, umgehend zu handeln. Diese Angst ist lebenswichtig und wir können sie nur wahrnehmen, wenn wir unseren Körper bewusst wahrnehmen.

Die zweite Form der Angst, die konditionierte, die unnötige, erkennst du daran, dass sie im Kopf entsteht. Es ist ein Gedanke, der sich einnistet, und dieser eine Gedanke zieht weitere Gedanken an, sodass du dich irgendwann in einem Gedankenkarussell, in einem inneren Kino vorfindest, das nichts mehr mit der Realität zu tun hat, dich aber blockieren und lahmlegen kann. Diese Angst entsteht aus Überlegungen, aus welchen dann Reaktionen resultieren. Davon gibt es drei:

★ DIE VERLUSTANGST: Angst, ich könnte etwas verlieren,

★ DIE PROZESSANGST: Angst vor der Veränderung,

★ DIE RESULTATANGST: Angst vor dem Resultat, Angst es könnte schlechter werden, als es jetzt ist.

Diese Ängste brauchen wir nicht. Da wir jedoch aufgrund unserer Inhalte Ängste über unsere Teilpersönlichkeiten in uns tragen, befragen wir diese Ängste. Wir befragen sie nach ihrer Botschaft.

Überall offenbart sich die Polarität: negativ – positiv, Tag – Nacht, schwarz – weiß und so weiter. In uns manifestiert sie sich als negative Emotionen und positive Seinszustände.

Wo will mich die Angst hinbringen? Angst ist die eine Polarität und was ist die andere? Vertrauen. Angst will dich ins Vertrauen führen und es ist nur ein Gedankensprung von der Angst zur Dankbarkeit. Diese Dankbarkeit schafft Vertrauen in dir. Vergleiche es mit einem Kraftwerk, denn so wie ein Kraftwerk nicht automatisch Energie zur Verfügung hat, so hast auch du nicht automatisch Vertrauen, weder in dich noch ins Leben. Wer eine positive Erziehung genossen hat, verfügt über mehr Vertrauen als jemand, der über eine eher destruktive Erziehung aufgewachsen ist. Grundsätzlich kannst du jedoch davon ausgehen, dass du Vertrauen in dir erzeugen darfst und auch kannst.

WUT

WUT, die dich in den inneren Frieden bringen will

Die Wut ist eine sehr energiegeladene Emotion, die als Polarität den Frieden hat. Die Wut ist die Gegenkraft zum Frieden. Die Wut will dich wachrütteln. Es handelt sich hier immer um Grenzthemen, um Raumthemen. Du verfügst über einen physischen Raum und damit eine physische Grenze, einen emotionalen Raum und eine emotionale Grenze, eine mentale Ebene und somit eine mentale Grenze und eine spirituelle. Es kann eine dieser Grenzen übertreten werden oder alle.

Wenn die Wut in deinen Raum tritt (und sie ist eine sehr kraftvolle Emotion), darfst du Standhaftigkeit beweisen. Geh nicht in die Reaktion, sondern versuche, das innere Aufgewühltsein auszuhalten und dir die Fragen zu stellen:

★ Was passiert in diesem Moment?

★ Wer oder was hat meine Grenze überschritten? Oder vielleicht auch mehrere Grenzen?

Jede Emotion bringt dich in deiner Entwicklung weiter. (Foto: Cosima von Klebelsberg)

Bleibst du nicht in der Stabilität und damit in der Lage, zu erkennen, was gerade passiert, dann gehst du womöglich ins Unterdrücken der Wut, durch Unwissen oder Unfähigkeit, mit dieser Wut umzugehen. Womöglich passt die Wut nicht in dein spirituelles Weltbild und du unterdrückst oder verdrängst sie. So kann in dir eine Aggression entstehen. Wird auch diese unterdrückt, kann es zur Autoaggression kommen und somit Autoimmunerkrankungen hervorrufen.

Was passiert, wenn du deine Grenzen nicht wahrst? Wenn beispielsweise das Pferd oder ein Mensch in deinen Raum tritt, dann wirst du handlungsunfähig. Um in den Frieden zu kommen, das heißt in die Gegenkraft, ist es wichtig, dass du die Wut im Körper erspürst, um dann in die Transformation gehen zu können. Frage dich: Wo befindet sich die Wut?

Welche Form und Farbe hat die Wut? Dieser Prozess ist bei allen Emotionen immer derselbe.

FRUSTRATION

FRUSTRATION, die dir neue Wege aufzeigt

Die große Herausforderung besteht bei allen Emotionen darin, nicht in die Reaktion zu gehen. Eine Reaktion aus der Qualität der jeweiligen Emotion ist schwächend, während ein Hinschauen, Zulassen in Form von Erkennen erlaubt, in den Transformationsprozess zu gehen, und wirkt somit stärkend. Die Frustration ist eine sehr wichtige Emotion, denn auch sie will dir helfen, dich in deine Macht und Kraft zu bringen.

Was geschieht, wenn du aus der Qualität der Frustration handelst? Du gehst immer mehr in die Ohnmacht, du verlierst deine Macht und das führt wiederum zu blockierten Energien. Deshalb solltest du die Frustration befragen: Was kann ich anders machen? Denn die Frustration sagt dir: Schau hin, das, was du machst, bringt keinen Erfolg oder nicht die gewünschten Resultate. Dann folgt, wie bei allen Emotionen, der Transformationsprozess. Im Transformationsakt, in dem du die Frustration wahrnimmst und eine innerliche Pause machst, hörst du auf die Botschaft: Verwurzle dich, fühle hinein und warte ab, bis du die Intuition bekommst und somit erkennen kannst, was du anders machen kannst. **Die Reaktion schwächt, die Aktion stärkt.**

Verletzlichkeit

VERLETZLICHKEIT, die dich in die Heilung bringt

Die Verletzlichkeit will dich in deine Stärke bringen. Wann bist du denn verletzlicher als normal? Wenn sich Dinge verändern. Wenn du die Verletzlichkeit nicht wahrnimmst, ihr nicht den Raum gibst, damit sie ihre Botschaft übermitteln kann, kann sie sich in Panik und Wut steigern. Denn sie bekommt keinen Raum und das bedeutet in diesem Fall: Du musst dir wirklich bewusst werden, dass du in einem bestimmten Moment verletzlicher bist, da du dich in einem Veränderungsprozess befindest. In diesem Moment darfst du dir mehr Ruhe zugestehen. Du darfst dich mehr auf dich besinnen. Die Verletzlichkeit sagt dir: Schütze dich, gewähre dir Raum, Zeit, Geborgenheit.

Bist du in Momenten der erhöhten Verletzlichkeit nicht vorsichtiger, nicht gewillt, dir mehr Raum zu geben, geschieht oftmals ein „Sich-Verlieren", ein „Sich-nicht-ernst-Nehmen", ein „Verloren-Sein".

Es wird zum Raumthema, denn es werden Grenzen nicht eingehalten und das kann unbewusst zu Wut führen. Wut wiederum führt, wenn sie unterdrückt wird, zur Aggression und das führt uns wiederum in die Handlungsunfähigkeit.

Die Fragen, die du dir bei Verletzlichkeit stellen darfst, sind:

★ Was verändert sich gerade, wie verändere ich mich gerade?

★ Was darf ich loslassen, damit Neues in mein Leben treten kann?

Es geht (wie bei allen Emotionen) wieder um die Transformation und bei der Verletzlichkeit geht es darüber hinaus um das Mitgehen, das heißt, mit der Veränderung zu gehen, und das Loslassen. Denn Veränderung ist eine Konstante in deinem Leben und fordert dich immer wieder auf, mit dem Fluss des Lebens zu gehen und das loszulassen, was du nicht mehr brauchst.

Traurigkeit

TRAURIGKEIT, die dich in die Freude bringt

Die Traurigkeit will dich in die Freude bringen. Sie wird in den meisten Fällen verkannt und in das Reich des Unbewussten gedrückt. Dabei hat sie eine sehr wichtige Botschaft, denn sie will dir mitteilen, dass etwas aus dem Ruder läuft. Hier darfst du dir folgende Fragen stellen:

★ Habe ich meinen Weg verlassen?

★ Bin ich von meinem Lebensweg abgekommen?

★ Wird deshalb meine Seele traurig, weil sie ihre Lebensaufgabe nicht erfüllen kann?

★ Was kann ich tun, um meiner Lebensaufgabe gerecht zu werden?

Die Traurigkeit ist immer dann zur Stelle, wenn du zu weit von deiner Seele, von deinem Lebensplan abgekommen bist. Wird die Traurigkeit unterdrückt und nicht wahrgenommen, entwickelt sie sich zur Verzweiflung. Die Seele schreit: Pass auf, wach auf und überdenke, ob du noch auf dem richtigen Weg bist! Nimmst du die Verzweiflung nicht wahr, bekommt alles einen Schleier der Negativität. Es entsteht Schwere in der Seele.

Wie kannst du hier ganz konkret in die Freude kommen? Auch hier geschieht dies wieder über den Transformationsprozess, das Annehmen, das Hinschauen, das Wahrnehmen, hole die Botschaft heraus und entlasse dann die jeweilige Emotion aus deinem Seeleninnenraum.
Zusätzlich zu diesem Prozess, speziell bei der Traurigkeit, kannst du die Freude in dein Leben integrieren.

Überall das Schöne und das Freudvolle erkennen, das Wahre und das Gute bewusst aufnehmen und integrieren, sodass die Seele nach und nach wieder aufatmen kann, wieder zur Freude zurückfinden kann.

DEPRESSION

DEPRESSION, DIE DIR DEINE KRAFT, ENERGIE UND SELBSTBEWUSSTSEIN ZURÜCKBRINGT

Hier ist das seelische Leid so ausgeprägt, dass die Seele keine Kraft mehr hat, und so kann es leicht zu Krankheiten kommen. Die Depression will dich in die seelische Gesundheit führen. Die Fragen hier lauten:

- ★ Was hat so viel Energie verbraucht, dass ich mich jetzt völlig ausgebrannt fühle?
- ★ Wo will mich die Depression hinführen?

Die Seele ist auf einem Nullpunkt, es ist keine Energie mehr vorhanden. Nur durch die Transformation, die kein leichter Weg ist, und die fachlich betreut und professionell (auch spirituell) begleitet werden sollte, kann die Seele gesunden.

Der wichtigste Schritt in dieser Situation ist auch hier die Bereitschaft zur Transformation. Dieser Prozess sollte viele Male pro Tag gemacht werden, denn die Depression ist jener Zustand, in dem die Seele wirklich ohne Energie ist und der Genesungsweg somit ein sehr anspruchsvoller Weg ist, den die allermeisten Menschen nicht mehr allein gehen können.

Des Weiteren braucht es Aktivitäten, die sofort Energie zuführen, denn die Seele ist energielos. Hier sind zusätzliche Energielieferanten vonnöten, welche auch mittels eines Therapeuten aufgezeigt werden können. Unterdrückst du die Depression und gehst nicht auf diese extremen Warnsignale ein, kann es zu Krankheiten kommen und dann (in der Steigerung) wird das Leben unerträglich.

SCHMERZ

SCHMERZ, DER DIR HEILUNG BRINGT

Traurigkeit ist verwandt mit Schmerz. Sie kann in dem Moment aufkommen, in dem du etwas/jemanden verlierst. Es ist eine Verletzung passiert und hier darfst du dir den Raum nehmen, um diese Verletzung und den daraus entstandenen Schmerz zu heilen, den Schmerz, der als Polarität die Gesundheit in dir generieren will. Unterdrückst du den seelischen Schmerz, entsteht Depression. Aus der Depression entsteht auf Seelenebene ein Unwohlsein, ein dauerhafter, leidvoller Zustand. Auf körperlicher Ebene kann das zu Krankheit führen.

Der Schmerz muss ausheilen dürfen, denn sonst kann die Wunde nicht heilen und der Schmerz kann sich nicht in Gesundheit transformieren. Du darfst dir die Zeit geben, die Wunde auszuheilen.

Eine maximale Gelöstheit auf mentaler, emotionaler und körperlicher Ebene ergibt die maximale Aufrichtung. (Foto: Astrid Stemmer)

Negative Emotionen wirken sich schädlich auf den Körper aus.

Angst, Unruhe, Wut, Groll, Traurigkeit, Hass, Eifersucht, Neid und so weiter können sich im Körper manifestieren. Diese Emotionen sind feinstoffliche Schwingungen und in weiterer Folge – wenn sie nicht gehört werden – manifestieren sie sich immer mehr auch im Materiellen, unterbrechen den freien Fluss der Energien im Körper und schaffen Probleme. Es kommt zu Imbalancen und setzt sich das fort, wird der Körper krank. Das Herz-Kreislauf-System und das Immunsystem werden geschwächt, die Verdauung wird angegriffen, die Hormonproduktion kann durcheinandergeraten und viel mehr noch kann geschehen. Der Oberbegriff für alle negativen Emotionen ist das Unglücklichsein.

Wahre Gesundung kann nur dann stattfinden, wenn zu den äußeren Maßnahmen eine Transformation, ein Auflösen der in dem Menschen lebenden Emotionen geschieht. Solange der Mensch nicht bereit ist, durch diesen Prozess der Auflösung zu gehen, gibt es keine Weiterentwicklung für ihn und das „Ich“ kann nicht gesunden.

Gefühle wahrzunehmen und umzuwandeln führen zum gesunden Ich. (Foto: Martina Kiss)

Der Weg zum gesunden Ich

Menschen lieben lockere Menschen

Mit den bisher beschriebenen Schritten erreichst du die maximale Gelöstheit, da du dich auf mentaler, emotionaler und somit auf körperlicher Ebene zu lösen weißt. Das kommt dir auch beim Reiten zugute. Die Forderung aller großen Reitmeister ist die maximale Gelöstheit bei gleichzeitiger maximaler Aufrichtung. Um jedoch die maximale Aufrichtung zu erreichen, braucht es maximale Gelöstheit. Sonst ist die Aufrichtung eine starre Aufrichtung, vor allem auf innerer Ebene, die sich dann auf äußerer Ebene über den Körper ausdrückt. Die wahre Gelöstheit erreichst du nur, wenn du mental und emotional gelöst bist, denn das sind die Ebenen der eigentlichen Ursachen und die körperliche Ebene ist die Ebene der Wirkung.

Deshalb kann eine maximale Gelöstheit nie nur auf äußerer Ebene erreicht werden. Damit du dorthin kommst, hast du dir die Position des „inneren Beobachters" erarbeitet. Das geschieht über folgende Formel: „Beobachten ermöglicht Erkennen und durch das Erkennen gewinnst du die Kraft der Entscheidung." Um die Ebenen verständlich zu machen, gibt es klare Strukturen, die je nach Individuum in ihrer Stärke variieren können.

MENTALE EBENE

Die Gelöstheit auf mentaler Ebene geschieht durch eine Gedankenkontrolle, durch die Umwandlung der unerwünschten Gedanken. Gedanken kannst du nur kontrollieren, wenn du sie *transformierst*, nicht wenn du dich gegen sie wehrst oder sie unterdrückst.

Das heißt, dass du sie wahrnehmen darfst. Du darfst sie als das erkennen, was sie sind. In diesem Fall ist der Gedanke unerwünscht und dann darfst du erkennen, warum der Gedanke da ist, und ihn über die bewusste Ausatmung entlassen. Dazu gehe in die Wurzelatmung.

Gelöst sein auf mentaler Ebene geschieht auch durch die Selektion der Informationen. Lasse nicht alles ungefiltert in deinen Raum eintreten, sondern entscheide ganz bewusst, für welche Emotionen du dich erschließt.

Das bedeutet nicht, dass du dich den negativen Aspekten des Lebens gegenüber verschließt, im Gegenteil, das Negative ist für dich immer die Basis, um zu Lösungen zu kommen, um den anderen Pol zu erkennen, um in einen Seinszustand zu gelangen.

EMOTIONALE EBENE

Auf emotionaler Ebene erreichen wir die maximale Gelöstheit über den alchemistischen Prozess. Dabei werden nicht nur die Emotionen erkannt, sondern erforscht, wo im Körper sie sich befinden, in welcher Form sie auftreten, in welcher Farbe sie präsent sind oder welche Farbe du ihnen zuordnest, um auch hier die Ablagerungen im Körper auflösen zu können. Denn die Emotionen im Gegensatz zu Gedanken haben bereits eine körperliche Komponente. Deshalb ist es wichtig, dass du auch im Körper diese Rückstände erlöst.

KÖRPERLICHE EBENE

Die körperliche Gelöstheit erreichst du durch Körperdisziplin. Hier wird noch einmal mehr bewusst, wieso Körperdisziplin so wichtig ist, denn du kannst dem Körper dadurch helfen, diese Emotionen (Schadstoffe) zu entlassen. Unbedingt wichtig ist hier auch eine gesunde Ernährung, denn ansonsten belastest du deinen Körper mit Stoffen, wofür er zusätzliche Energie verwenden muss, um diese wieder zu entlassen.

5. Kapitel

(Foto: Michaela Lankes)
★
Inneres Wachstum geschieht nur, wenn wir es selbstbestimmt in die Hand nehmen.
(Alexandra Rieger)

Mensch und Kommunikation

Der erwachende Mensch

Ein erwachender Mensch hat einige Bedürfnisse, die ihn von einem Menschen, der noch den Naturgesetzen unterliegt, unterscheiden. Er will wachsen, er hat das Bedürfnis, innerlich voranzuschreiten, er will sein Leben gestalten, es erschaffen, er will helfen und dienen.

Persönliches Wachstum ist nicht einfach und muss immer selbstbestimmt geschehen. Um in diese Selbstbestimmtheit zu kommen, braucht es:

★ Disziplin,

★ Konstanz,

★ Fokus.

Wie geschieht nun inneres Wachstum, wie kannst du es aktiv angehen und steigern? Indem du ein Ziel hast. Ohne Ziel, ohne eine Mission, ohne deine Lebensaufgabe zu erkennen, kannst du dich nur schwer entwickeln. Deshalb ist das Ziel, die Mission, die Richtung -> Das Leben will von dir wissen, wohin es geht.

Ein weiterer Schritt hin zur innere Entwicklung ist das lebenslange Lernen. Offenheit vor allen gegenüber anderen Meinungen oder Themen ist essenziell. Es ist wichtig, diese erstmals gelöst aufzunehmen, ohne sie zu bewerten.

Herausforderungen und Widerstände solltest du als elementare Komponenten erkennen. Wenn du sie nicht als solche erkennst, läufst du Gefahr, bei den ersten Widerständen aufzugeben. Stelle dich den Herausforderungen und Widerständen wie ein Fels in der Brandung. Das Dienen gibt uns sehr großes Wachstumspotenzial. Schau, welche Fähigkeiten du hast und wie du sie einsetzen kannst, dass sie dir bestmöglich dienen können. Die Grafik beleuchtet sehr gut das Thema der Richtung.

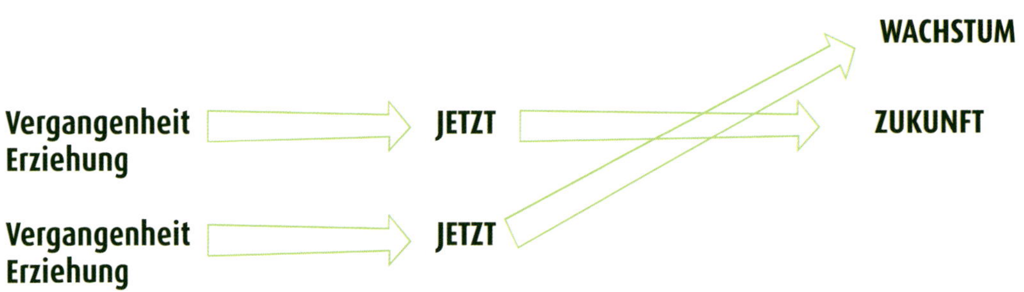

(Foto: www.adobestock.com/kwadrat70)

Jeder von uns hat eine Vergangenheit, ist in einer Familie mit einem bestimmten Erziehungsmodell aufgewachsen, das die Informationen aus unserer Familiengeschichte enthält, die wir bis zu unserem siebten Lebensjahr ungefiltert aufnehmen.

Nun kommen wir zu zwei Möglichkeiten der persönlichen Lebensgestaltung. Diese Dinge setzt der Mensch dann im Leben um, bis er irgendwann dieses Erziehungsmodell abspult und seine Zukunft so gestaltet, wie seine Vergangenheit war. Wir sprechen hier von der energetischen Ebene. Es gibt keine Entwicklung, da der Mensch einfach nur abspult, ohne irgendwelche Herausforderungen oder Widerstände. Er wählte den scheinbar einfachen Weg und wird zum Ausführer dessen, was in ihm an Energien oder Speicherungen lebt.

Im anderen Fall mit der gleichen Basis und dem gleichen Erziehungsmodell erkennt der Mensch, dass er bewusst und selbstbestimmt sein Leben in die Hand nehmen kann, wohlgemerkt nicht muss. Er setzt sich ein Ziel, erkennt dieses Ziel als seine Mission und er erlebt dadurch ein steiles Wachstum. Das Erkennen seiner Lebensaufgabe ermöglicht Wachstum. Das Wachstum wird unterstützt durch ein Wachsenwollen, Dienenwollen und den Wunsch, das eigene Leben selbst gestalten zu wollen.

KOMMUNIKATION ALS SCHLÜSSEL

„Was ist deine Wahrheit?" im Sinne von „Was ist deine Mission?". Worum geht es dabei? Es geht um die Kommunikation deiner Wahrheit. Durch das Kommunizieren deiner Mission entfesselst du deine Macht und Kraft. Die Formel, um in deine Macht und Kraft zu kommen, lautet:

WÜNSCHE = EIGENE WAHRHEIT = MISSION

Deine Wünsche werden zu deiner Wahrheit. Aufgrund dieser Wünsche erkennst du deine eigene Wahrheit, die an dieser Stelle zu deiner Mission wird. Du bringst dadurch deine Wünsche auf eine hohe Energieschwingung. Sie entfesseln die Begeisterung. Diese Begeisterung belebt dein Ich und fließt in dein Denken, Wollen, Fühlen und Handeln.

In dem Begriff Begeisterung ist bereits der Begriff Geist enthalten. Du aktivierst deinen *Geist*. Oder anders ausgedrückt: Du gibst deinem Geist Raum. Er darf sich jetzt über deine Seele ausdrücken und so kommen Macht und Kraft in das tägliche Handeln.

Du beziehst die Macht und Kraft aus der höchsten Ebene, aus der Liebe gepaart mit der Weisheit. Deine Handlungen sind befruchtet durch den in dir lebenden Geist. Du erfährst eine Führung direkt aus der höheren Ebene in dir. Die Führung aus dem Geist ist in dem Maße möglich, in dem du deinem Geist Raum gibst.

LOGISCHE EBENE VERSUS ANALOGE EBENE

Kommunikation findet auf verbaler und nonverbaler Ebene statt. Die verbale Ebene, die Stimme und die Sprache, macht sieben Prozent unserer Kommunikationsfähigkeit aus. Wenn du glaubst, dass du über deine Sprache gut kommunizieren kannst, dann hast du nur maximal sieben Prozent deiner tatsächlichen Kommunikationsfähigkeit ausgeschöpft. Du kommunizierst ständig meist unbewusst auf nonverbaler Ebene und diese macht 93 Prozent aus. Beachtlich!

Mit dem Pferd sind wir fast ausschließlich auf die nonverbale Kommunikation angewiesen, da das Pferd unsere Sprache nicht spricht. Das Pferd kann maximal zehn Begriffe auseinanderhalten, hingegen immer die Energie, die hinter einem Wort steht, wahrnehmen. Es versteht die nonverbale Kommunikation.

Das ist für uns natürlich in der Interaktion eine große Chance, da wir aufgefordert sind, diese

Kommunikationsform bewusst in uns zu erarbeiten und einzusetzen. Aus diesem Grund bezeichne ich das Pferd auch als den weltbesten Coach, da es den Menschen immer wieder auffordert, Bewusstsein zu generieren, in die Präsenz zu gehen, um sich seiner Fähigkeiten und Stärken bewusst zu werden. Das Pferd macht all dies, ohne zu beurteilen oder zu verurteilen, es ist vollkommen wertfrei in der Begleitung.

WIE FINDET NONVERBALE KOMMUNIKATION STATT?

★ ÜBER DEINEN KÖRPER: Die Position und die Haltung deines Körper sprechen ständig.

★ ÜBER DEINE GEDANKEN: Sie sind die Wurzel deiner Handlungen und Bewegungen. Die Gedanken drücken sich unbewusst über deinen Körperausdruck aus.

★ ÜBER DEINE EMOTIONEN: Sie manifestieren sich im Körper bereits auf feinstofflicher Ebene bis hin zu Symptomen auf körperlicher Ebene.

★ ÜBER DEINE INNEREN SPEICHERUNGEN: All das, was du an Mustern, als Inhalte in deiner Seele trägst, drückt sich über deine Haltung, über deinen Körperausdruck, über die Schwingungen, die du produzierst, aus.

★ ÜBER DEINE ERWARTUNGEN: Erwartungen können unbewusst kommunizieren. Das kann sehr stark in der Begegnung mit dem Pferd oder auch mit Kindern manifestiert werden, beide nehmen sehr schnell energetische Schwingungen auf und reagieren darauf. So kann eine Erwartung sehr viel Druck ausüben.

IST DIR BEWUSST, DASS DEINE AUßENLEBENSSPHÄRE ALLE QUALITÄTEN DEINES WESENS ENTHÄLT UND DU DIESE STÄNDIG AUSSTRAHLST?

Du strahlst die Qualität in Form von Gedanken, Emotionen, Speicherungen, Mustern, Erwartungen aus. Diese Inhalte generieren eine Energieschwingung, die sich der Umwelt mitteilt, ob dir dies bewusst ist oder nicht. Im Alltag bist du meist so von deiner rationalen Ebene absorbiert, von dieser Sieben-Prozent-Ebene, dass es sehr schwierig ist, sich all dieser Informationen bewusst zu sein. Du nimmst sie wohl wahr, aber nicht bewusst, und deshalb können sie für dich nicht wirklich Informationsquellen darstellen. Erst wenn du beginnst, aus diesen sieben Prozent, aus der rationalen Ebene hinauszutreten, sprich dein Bewusstsein erweiterst, kannst du diese Informationen aufnehmen und erkennen. Du beziehst Informationen, die deinen Handlungsradius um ein Vielfaches erweitern.

Analogien – die Sprache der Seele

VERSTAND/RATIONALE EBENE
=
LOGISCHE EBENE

SEELE/UNTERBEWUSSTSEIN
=
ANALOGE EBENE

Das Pferd erreicht direkt die Seele des Menschen. Die Natur spricht über Analogien mit den Menschen, so wie das Pferd, das Teil der Natur ist. (Foto: www.adobestock.com)

Was bedeutet Analogie?

Analogie bedeutet *Entsprechung*. Alles entspricht sich. Alles kann einen Kommunikationswert für dich haben, wenn du nur bewusst hinschaust. Analogien sind die Sprache der Seele. Deine Seele und dein Unterbewusstsein drücken sich über Analogien aus.

Bilder: Die Sprache der Seele drückt sich wiederum über innere Bilder aus.

Empfindungen: Sie kommen aus der Seele. Mit dem Verstand kannst du nicht empfinden.

Assoziationen: Du assoziierst eine Empfindung beispielsweise mit einer längst vergangenen Situation.

Träume: Über Träume drückt sich die Seele aus. Träume sind in den meisten Fällen für den Verstand nicht erklärbar, da die Seele sich über diese

Traumbilder ausdrückt. Diese Bilder kann man nicht mit dem Verstand analysieren und verstehen. Du kannst jedoch Träume über Empfindung, über das Fühlen deuten.

Intuition: Sie ist die direkte Sprache der Seele, die du wahrnehmen kannst, wenn du gelernt hast, zuzuhören, welche Stimme in dir aus dem konditionierten Bereich und welche aus deiner authentischen Seite spricht.

Impulse: Aus dem scheinbaren Nichts bekommst du einen Impuls (jemanden anzurufen, ein Buch aufzuschlagen). Impulse kommen aus der analogen und somit aus der Seelenebene.

Wünsche: Sie zeigen dir immer, in welche Richtung es gehen soll, wo deine Bestimmung liegt. Bedürfnisse: Wenn du Schwierigkeiten hast, an deine Wünsche heranzukommen, frage dich: Welche Bedürfnisse habe ich?

Emotionen: Sie geben dir immer wieder Aufschluss, inwieweit du im jeweiligen Moment in einem konditionierten Anteil gefangen bist. Sie senden dir immer wieder den Weckruf: Wach auf! Verwurzle dich! Schau hin, damit du agieren kannst und nicht in die Reaktion gehst.

Körperausdruck: Der Körper bringt das Unbewusste auf die sichtbare, sprich physische Ebene.

Frage dich folgende Frage und du erweiterst deine Wahrnehmungsfähigkeit: Wie fühlt es sich, die Situation oder das Wesen für mich an?

Über das Fühlen erkennst du jeweils die dahinterstehende Energie, sei es die eines Menschen, einer Situation, eines Zustandes. Du kommst über das Erfühlen, das eine Fähigkeit aus der Seele ist, immer mehr dazu, deine Kommunikationsfähigkeit zu erweitern und verschiedene Informationen zu beziehen. Es ist die Ebene der Analogien, das Fühlen bringt dich in die Analogien.

Paul Watzlawick, ein Kommunikationswissenschaftler, hat einst die Aussage getroffen:

DU KANNST NICHT NICHT KOMMUNIZIEREN!

Das bedeutet, dass du ständig kommunizierst. Du kannst nicht nicht wahrnehmen. Du nimmst immer wahr. Du kannst dich jedoch von unbewusster Wahrnehmung einengen lassen, dich immer mehr auf die logische Ebene reduzieren, dich auf die sieben Prozent beschränken oder durch ein bewusstes Beobachten und Erfühlen diese immer mehr erweitern.

Deine Aufmerksamkeit sollte sich auch in Richtung analoge Kommunikation wenden, um diese immer besser verstehen zu können und um dann über die analoge Kommunikation mit anderen zu interagieren.

MIT DEM AUSBAU DER ANALOGEN KOMMUNIKATION ZUR POTENZIALENTFALTUNG

Die Voraussetzungen, um dein Potenzial zu entfalten, sind:

★ Erdung,

★ Lösung,

★ Aufrichtung,

★ Verbindung.

Mit anderen Worten ausgedrückt, du brauchst starke Wurzeln, die dir die Möglichkeit geben, ganz präsent im Hier und Jetzt zu sein, herauszutreten aus dem Verstand und im Körper anwesend zu

Baue deine analoge Kommunikation aus und dein Potenzial entfaltet sich enorm. (Foto: Cosima von Klebelsberg)

sein. Du darfst in dir die maximale Gelöstheit herstellen. Du darfst alle Inhalte, die aus dem konditionierten Bereich kommen und eine analoge Informationsaufnahme blockieren, über die maximale Gelöstheit entlassen, die du über dein verwurzeltes Sein herstellst, um darüber mentale, emotionale und damit körperliche Verspannungen ziehen zu lassen. Dadurch kommst du in eine innere Aufrichtung. Das bedeutet, dein Denken, Wollen, Fühlen und Handeln sind auf einer Linie. Deine vier Wesensglieder sind aufeinander abgestimmt, sodass du in dir verbunden bist.

Diese Verbundenheit, diese Zentriertheit ermöglichen es dir, dich mit einem anderen Wesen zu verbinden, dich mit allem zu verbinden und wahrnehmen zu können, was dich umgibt – auch mit all dem, was der Verstand nicht wahrnehmen kann, da dieser aufgrund seiner Natur limitiert ist.

Der Verstand kann nur einen geringen Teil der Gesamtrealität wahrnehmen und daher kommt die große Forderung: Wenn du dich dieser erweiterten Kommunikationsschiene nähern willst, darfst du all diese Qualitäten in dir verwirklichen, damit du immer mehr wahrnehmen kannst und immer noch effektiver kommunizieren kannst.

AUTHENTISCHE KOMMUNIKATION

Mit den anderen Kommunikationsebenen kannst du unter Umständen andere Wahrheiten ausdrücken oder mitteilen, die eben nicht in Kohärenz

Sei authentisch in deiner Kommunikation und du erreichst die Menschen mit deiner Mission. (Foto: Cosima von Klebelsberg)

mit deiner in der für dich erkannten Wahrheit stehen. Diese Kommunikation kann unter Umständen sogar widersprüchlich sein. Das bedeutet, du kannst auf intellektueller Ebene etwas als deine Wahrheit erkannt haben, aber durch die in dir liegenden Speicherungen, Energien, Muster kann es passieren, dass du auf nonverbaler Ebene etwas anderes ausdrückst.

In diesem Fall ist deine Kommunikation nicht kohärent, nicht kongruent und du kannst in diesem Fall auch nicht das realisieren, was du als dein Ziel erkannt hast. Deshalb ist es auch sehr wichtig, dass du dich immer wieder selbst analysierst oder dich einem Coach anvertraust, der dir hilft.

Wie gelingt es dir, authentisch zu kommunizieren?

INDEM DU DEINE *GEDANKEN* KONTROLLIERST.

Sind deine Gedanken in Übereinstimmung mit dem, was du als deine Wahrheit erkannt hast? Es handelt sich hier um einen sehr intensiven Prozess.

INDEM DU DEINEN *WILLEN* ÜBERPRÜFST.

Stelle dir hier folgende Frage: Will ich das, was ich auf Gedankenebene in mir trage, was ich erkannt habe, was ich verfolgen will, was ich als mein Ideal erkannt habe? Will ich das auch auf meiner tiefsten Ebene?

Indem du dein *Fühlen* auf dein Denken und Wollen einstimmst.

Fühlst du das, was gedanklich und auf Willensebene in dir lebt? Kommst du in dieses Gefühl hinein, stimmt es überein mit dem, was du auf Gefühlsebene in dir produzieren kannst? Das Gefühl ist jenes Element, das letztendlich für die Realisierung und Materialisierung deines Zieles verantwortlich ist.

Indem dein *Handeln* eine Konsequenz deines Handelns, Wollens, Fühlens ist.

Schaue immer wieder hin, ob deine Handlung in Übereinstimmung mit deinem Denken, Wollen und Fühlen ist. Dann bist du innerlich aufgerichtet und das lässt sich auch über die körperliche Aufrichtung ein Stück weit ablesen.

Dein Körper spiegelt immer das wider, was in dir lebt.

Deshalb achte immer wieder auf deinen Körper. Ist die Wirbelsäule aufgerichtet, fühlst du die Macht und Kraft, die du bist, kannst du diese über deine Körperposition ausdrücken?

Dein Körper – ein wichtiger Verbündeter hin zu einer kraftvollen Kommunikation.

In den meisten Menschen geschieht Folgendes: Sie haben ihre Gedanken nicht unter Kontrolle. Dadurch kann es zu keinem fokussierten Willen kommen. Das Fühlen ist völlig chaotisch, es ist wortwörtlich außer Rand und Band und damit sind die Handlungen nicht kraftvoll und nicht machtvoll und es kann zu keiner Ordnung kommen. Die erste und wichtigste Arbeit besteht darin, deine vier Wesensglieder auf eine Linie zu bringen, sodass du innerlich aufgerichtet bist. Es handelt sich hierbei um einen tagtäglichen und lebenslangen Prozess.

Über die Einfachheit zu deiner Macht und Kraft – der Raidho Equi Coach

Ein Sprichwort sagt: Wer fragt, der führt! Dabei geht es auch darum, eine eigene Persönlichkeit zu entwickeln. Dabei dienen uns die folgenden Fragewörter:

★ Wo?

★ Was?

★ Wie?

★ Wodurch?

Ist-Zustand

1. Im ersten Schritt geht es darum, den Ist-Zustand herauszukristallisieren, herauszufinden, *wo* du in diesem Moment stehst. Dadurch erschließt sich das Thema.

2. *Was* ist das Thema? Über das Thema kannst du herausfinden, wie beziehungsweise mit welcher Qualität du dich verbinden sollst. Sieben geistige Gesetze (die ich noch erkläre) stehen dir zur Verfügung, um ein Bewusstsein herzustellen, bezüglich welches Gesetz du anwenden kannst, um dann mit den entsprechenden Instrumenten die Thematik aufzulösen.

3. Das *Wie* ergibt sich durch die gewonnene Klarheit. Diese gibt dir die Macht, Entscheidungen zu treffen. Du erkennst, um was es geht, und kannst jetzt aktiv dein Leben selbstgestalterisch in die Hand nehmen.

4. Mit „Instrumenten" sind geistige Vorgehensweisen wie zum Beispiel der alchemistische Prozess gemeint. Dadurch geschieht Integration.

IST-ZUSTAND
Wo befindet sich der Mensch?

INSTRUMENTE
Wodurch kann etwas gelöst bzw. erlöst werden?

THEMA
Was ist das Thema?

DURCH DAS ERKENNEN DEINES IST-ZUSTANDES KANNST DU ERST BEGINNEN, ETWAS ZU VERÄNDERN.

- ★ Wo befindest du dich jetzt?
- ★ In welcher Lebenssituation stehst du gerade?
- ★ Welche Fähigkeit und Talente sind dir bereits bewusst?
- ★ Wie definierst du dich selbst?

DURCH DAS ERKENNEN DES THEMAS ENTSTEHT IN DIR KLARHEIT.

Thema

Du musst verstehen, um welches Thema es geht. Dadurch entsteht Klarheit. Aus der Klarheit kommst du in die Liebe und die Liebe ermöglicht dir, dass du deine Bestimmung lebst. Die Qualität des Liebens befähigt dich, über deine Berufung eine neue Ordnung in dir herzustellen, damit du in die neue Welt schreiten kannst.

DURCH DAS ANWENDEN DER „INSTRUMENTE" INTEGRIERST DU DIE DINGE UND WIRST ZU EINER NEUEN PERSON.

Instrumente

- ★ Es ist der *alchemistische Prozess*, mit dem wir das Negative als solches erkennen und in neue Ressourcen verwandeln, wie der Alchemist Blei in Gold verwandelt.
- ★ Es ist die Seelenrückholung, mit der einstmals verloren gegangene *Seelenanteile* zurückgeholt werden.
- ★ Es ist die Vergebung *in Kombination mit dem Segen.*

DURCH DAS BEWUSSTE FÜHLEN ENTSCHLÜSSELST DU DIE DINGE.

Über das Fühlen gelangst du an jenen Punkt, an dem du wesentlich mehr Informationen empfangen kannst. Deshalb immer wieder die Frage: „Wie fühlt es sich an?" Auf diese Weise kannst du dich aus den Begrenzungen des Verstandes lösen und dadurch immer mehr erfassen.

DU KANNST WAHRNEHMEN, WAS DIR VORHER NICHT MÖGLICH WAR.

Du kannst Energien erkennen und das befähigt dich, die Qualität zu bestimmen. Es gibt zwei Arten von Qualitäten. Es gibt die Ebene des konditionierten Seins und die Ebene des authentischen Seins. Diese beiden zu unterscheiden, fällt nicht allzu schwer, wenn du immer wieder die Unterschiede der Qualitäten vor Augen hast.

Konditionierte Seite
Die Qualität der konditionierten Seite ist eine schwere Schwingungsfrequenz.

Was passiert nun, wenn du aus dem konditionierten Sein heraus kommunizierst und agierst?
Dann produzierst du in dir eine schwere, herabziehende, belastende Energie.
Es ist wichtig, immer wieder hinzufühlen, wie du dich gerade fühlst, wie sich das anfühlt, was du gerade kommunizierst. Ist es im Einklang mit dem, was du wirklich willst?

Authentische Seite
Die Qualität der authentischen Seite hat eine hohe Schwingungsfrequenz.

Die hohe Schwingung in dir produziert Leichtigkeit, aufbauende, inspirierende Qualität.
Die authentische Seinsebene hat eine hohe Schwingungsfrequenz – hier auch wieder in Analogie zum Pferd, denn das Pferd wird sich, wenn es die Möglichkeit hat, zu entscheiden, stets für den Menschen entscheiden, der hoch schwingt. Das Pferd lebt auf einer hohen Schwingungsfrequenz. Ist der Mensch in seiner konditionierten Seite gefangen, wird das Pferd instinktiv entscheiden, nicht bei ihm zu sein. Denn beim Menschen zu sein und zu bleiben, fühlt sich dann nicht gut für das Pferd an.

Folgst du deiner authentischen Stimme, öffnen sich ungeahnte Möglichkeiten. (Foto: Cosima von Klebelsberg)

Von drei Stimmen bist du umgeben – welcher folgst du?

DIE KONDITIONIERTE STIMME

Die erste Stimme können wir der konditionierten Seite zuordnen, es ist die Stimme aus dem Ego. Diese Stimme drückt sich über deinen Verstand – über die logische Ebene – aus. Aus diesem Grund ist es für einen Menschen, der sehr logisch/sehr intellektuell ist, schwieriger, diese drei Stimmen zu erkennen beziehungsweise die Stimme aus dem Ego, aus dem konditionierten Bereich heraus zu identifizieren. Je intellektueller ein Mensch, desto intellektueller, logischer sind die Argumentationen.

Die Qualität dieser Stimme ist vor allem:

- herabziehend/schwer/belastend,
- kritisierend/lamentierend/vergleichend/verurteilend/beurteilend,
- akzeptiert nicht, was ist.

Diese Seite in dir will immer etwas anderes als das, was ist, und damit begibst du dich immer mehr in die Schwere/ins Gefangensein, in ein Unwohlsein. Das schafft ein Klima, das dich daran hindert, dich wohlzufühlen, weil die Seele durch diese Stimme immer mehr zurückgedrängt wird.

Diese Seite will dir einreden, dass du nicht wertig genug bist, dass du dich klein fühlst.

DIE AUTHENTISCHE STIMME

Die authentische Stimme kannst du an folgenden Qualitäten erkennen:

★ Sie ist aufbauend/leicht/inspirierend.

★ Sie akzeptiert das, was ist, verurteilt nicht/urteilt nicht/vergleicht nicht.

Es ist gut so, wie es ist, der Mensch fühlt sich im Reinen und das Akzeptieren ist so zu verstehen, dass der Mensch akzeptieren kann, was ist, aber nicht unter der Bedingung, dass es so bleibt, sondern er akzeptiert, um eine Entwicklung beginnen zu können.

★ Dadurch entsteht Leichtigkeit/Freisein/Wohlbefinden.

★ Du bist mit dir im Reinen und fühlst dich gut dabei.

Je mehr Raum du deiner authentischen Seite zugestehst, desto wohler fühlst du dich. Du generierst angenehme Energien, zunächst für dein eigenes Wohlbefinden. Wenn du dich wohlfühlst, Gutes empfindest, strahlst du das natürlich auch aus.

DIE VERBALE STIMME

Die verbale Stimme ist die dritte Stimme. Es ist die Stimme, die du im Alltag nutzt. Jetzt geht es darum, dass du beobachtest, um zu erkennen:

★ Was spreche ich und wie spreche ich es aus?

★ Mit welcher Energie drücke ich etwas aus?

★ Ist die Energie aufbauend oder eher schwer, belastend und herabziehend?

So kannst du im Alltag sehr gut über das gesprochene Wort, die verbale Stimme beobachten, damit du jeweils erkennen kannst, auf welcher Ebene du vorrangig „zu Hause" bist. Über dieses Beobachten bekommst du die Macht der Entscheidung darüber, ob du so weitersprechen willst. Das gesprochene Wort erschafft Realitäten. Die Energie hinter der verbalen Stimme ist entscheidend, sie kann dich stärken oder schwächen.

Wörter, die du vermeiden solltest

Es gibt einige Wörter, die im Alltag häufig verwendet werden, die einen persönlich jedoch schwächen. Das gilt für dich als Individuum.

MAN

Verwendest du das Wort man in einem Gespräch mit anderen, nimmst du dich aus der Verantwortung heraus. Sowohl der Verwender des Wortes man nimmt sich aus der Verantwortung, als auch der Angesprochene. Das, was ausgedrückt wird, bleibt unpersönlich und sachlich. Dein Zuhörer fühlt sich nicht wirklich angesprochen, da es um die Masse geht, um die anderen. Deshalb wird das Wort auch gern in schriftlicher Form zum Beispiel in Berichten, Zeitungen und Magazinen verwendet, weil die Masse angesprochen werden soll.

Achte darauf, in wie vielen Arten der Kommunikation das Wort man ständig verwendet wird, und achte außerdem darauf, wie kraftvoll ein Gespräch ist, wenn ein Mensch das Wörtchen ich anstatt man einsetzt. Wenn du für dich persönlich eine klare Stellung einnimmst, verwende ich anstatt der Formulierung man, denn damit übernimmst

Bist du als Persönlichkeit authentisch, ist nicht nur das Pferd gerne in deiner Nähe, auch andere Menschen respektieren dich und deine Haltung. (Foto: Cosima von Klebelsberg)

du Verantwortung für dich gegenüber Außenstehenden. Ich stehe zu dem, was ich sage!

Eigentlich

Dieses Wort wird sehr oft verwendet und schwächt das, was du vorher oder nachher gesagt hast. Es macht unwichtig, klein und nichtig und das Wort sagt nichts aus.

Also und aber

Es sind Wörter, die in dir Widerstand erzeugen und bei einer Diskussion schwächen sie den anderen. Aber bedeutet auch eine Verneinung der Aussage des anderen.

Muss/schnell/immer

Diese Wörter generieren Stress und Schnelllebigkeit in dir. Natürlich wird auch im Zuhörern durch den Einsatz dieser Wörter ein Stresslevel erzeugt, du drückst aus, keine Zeit zu haben.

Es ist sehr interessant, wenn du beginnst, dich bezüglich der Wortwahl zu beobachten, und noch viel wichtiger als die Wortwahl ist die darin lebende Schwingungsfrequenz. Denn was ankommt, ist die Schwingungsfrequenz. Stelle dir stets die Frage: Mit welcher Qualität drücke ich mich aus, mit welcher Qualität kommuniziere ich verbal?

6. Kapitel

★

Steige aus dem Interpretieren aus und in dir entstehen Freude, Freiheit und Leichtigkeit.

(Alexandra Rieger)

(Foto: Christiane Slawik)

Persönlichkeit und Lebensauftrag

Die vier Teilpersönlichkeiten

Lebst du oder interpretierst du dein Leben?

Die in dir lebenden Teilpersönlichkeiten, die sich durch die Informationen, die du im Laufe deines Lebens – vor allem unbewusst – angesammelt hast, geformt haben, bilden in dir Energiefelder. Diese Teilpersönlichkeiten finden auch in der modernen Psychologie Anwendung, da man erkannt hat, dass diese Teilpersönlichkeiten eine Intelligenz, wenn auch nur auf primitiver Ebene, besitzen. Diese Intelligenz drückt den Menschen dann in Rollen. Es werden vier grundsätzliche Rollen unterschieden:

- ★ das Opfer,
- ★ der Retter,
- ★ der Verfolger,
- ★ der Unnahbare.

Diese Rollen können relativ gut und auch schnell identifiziert werden, und zwar anhand der Informationen, die sie generieren. Du kannst recht einfach erkennen, in welcher Rolle du dich gerade befindest. Anhand der Emotionen kannst du erkennen, welche Rolle du gerade interpretierst. Das ist eine sehr große Hilfe, um aus der Fremdbestimmung, aus diesen Rollen herauszukommen, um immer mehr Herrscher in deinem Reich zu werden.

Aus der Distanz kannst du erkennen und damit hast du immer die Macht der Entscheidung, ob es so bleiben soll, wie es ist, oder ob du etwas verändern willst. Die Macht der Entscheidung erarbeitest du dir immer wieder durch die Fähigkeit des Erkennens.

Die Speicherungen, die du gedanklich in dir trägst, bilden Persönlichkeiten und diese wiederum sind verantwortlich für die Rollenspiele, die du im täglichen Leben interpretierst. Es sind die Emotionen, die dir helfen, diese Rollen zu identifizieren.

DAS OPFER

Die Rolle des Opfers bedient die Rolle des Retters.

Das Opfer fühlt sich als „armes Ich“. Es fühlt sich den Umständen ausgeliefert. Die Emotionen, die Klarheit über diese Rolle geben, sind:

- ★ Hilflosigkeit,
- ★ Ausgeliefertsein,
- ★ Scham,
- ★ Schwäche.

Solange du in der Opferrolle verharrst, kannst du keine Entscheidungen treffen. Du verharrst in dieser Rolle und schiebst die Probleme vor dir her. Es gibt keine Veränderung. Deshalb ist es wichtig, dass du diese Rolle in dir erkennst, damit du

(Foto: Christiane Slawik)

dich davon befreien kannst – befreien aus konditionierten Inhalten, die dich in ein konditioniertes Verhalten schieben und dich dadurch unfrei fühlen lassen.

Der Retter

Der Retter fühlt sich schuldig, und zwar immer dann, wenn er nicht helfen will oder nicht helfen kann. Die Emotionen, die dir hier helfen, Klarheit zu finden, sind:

- ★ Schuldgefühl,
- ★ Rettenwollen,
- ★ Unter-Druck-Fühlen,
- ★ der Versuch, in jeder Situation helfen zu müssen.

Es kann dabei die Angst entstehen, im Rettungsversuch zu scheitern. Der Retter sucht nach einem Opfer, denn dort kann er seine Rolle spielen. Auch das Opfer kann seine Rolle nicht spielen, wenn es keinen Retter hat. Deshalb ist es wichtig, dass du diese Modalität des Nicht-Reagierens in dir integrierst und lebst, damit du dich nicht in ein Drama verwickeln lässt.

DER VERFOLGER

Die nächsten beiden Rollen, die sich gegenseitig bedingen, sind zum einen der Einschüchterer und der Verfolger. Ein üblicher Ausspruch: „Alles ist deine Schuld!"

Die gefühlten Emotionen sind:

- ★ Er hat immer das Gefühl, dass der andere schuld ist.
- ★ Er kritisiert.
- ★ Er unterdrückt.
- ★ Er ist unbeweglich.
- ★ Er ist streng.
- ★ Er ist autoritär.

Seine Antriebsfeder ist die Wut, er agiert aus dieser heraus. Die Wut ist sehr energiegeladen und aggressiv. Diese Verfolgerrolle trifft oft in Form eines Polizeibeamten beziehungsweise eines der Elternteile auf. Die Rolle des Einschüchterers braucht – damit er seine Rolle interpretieren kann – die Rolle des Unnahbaren.

DER UNNAHBARE

- ★ wird hochmütig,
- ★ fühlt sich besser als die anderen,
- ★ verschließt sich, isoliert sich,
- ★ distanziert sich.

Der Unnahbare baut eine schützende Mauer um sich auf, damit niemand in das Innerste vordringen kann, wo offensichtlich wird, dass auch er nur ein ganz normaler Mensch ist. Der Unnahbare braucht den Einschüchterer. Die Rolle kann nur dann interpretiert werden, wenn der Gegenpart mitspielt. Deshalb ist es wichtig, dass du dich diesbezüglich gut beobachtest, um diese Rollenspiele zu erkennen. Am besten gelingt es, diese Rollen in deinem eigenen Familienverband zu beobachten, denn dort hast du gelernt, in Rollen zu schlüpfen, um in der ein oder anderen Situation

Nur durch Intuition erfahren wir Weisheit, die uns weiterbringt. (Foto: Christiane Slawik)

Vorteile für dich herauszuspielen. In der Regel spielen wir alle vier Rollen. Je nach Situation und je nachdem, was angesagt ist. Durch die Emotionen kannst du die jeweilige Rolle identifizieren und anschließend durch das Erden, das Lösen und das Verbinden in die Nicht-Reaktion gehen. Wir alle interpretieren alle Rollen, doch gibt es für jeden von uns eine Hauptrolle. Ich lade dich nun ein, dich zu beobachten, damit du erkennst, welche Rolle du vorrangig interpretierst.

Solange du interpretierst, bist du fremdbestimmt. Durch das Erkennen der Rollenspiele befreist du dich aus dieser Fremdbestimmung. Die Befreiung aus Rollen bedeutet, dass du authentisch bist. Du agierst aus deiner höheren Seinsebene heraus und bist im Besitz deiner Macht und Kraft. Das bringt Freiheit mit sich, Freiheit, nach der du dich so sehr sehnst. Pferde spiegeln uns diese Freiheit. Stell dir eine galoppierende Pferdeherde vor, es ist diese Freiheit, die dich bewegt und dich auffordert, ebenfalls frei zu sein. Fühlst du diese Freiheit in dir, entsteht auch Leichtigkeit. Durch Ballastabwerfen entsteht Leichtigkeit und somit kommst du in die Freude.

Diese Qualitäten brauchst du, damit du neue Wege beschreiten kannst.

Der Geist der Weisheit kann im Alltag mit dem Begriff der Klarheit übersetzt werden. Diese Klarheit entspricht dem sechsten Geist, dem Geist der Weisheit. Aus der Weisheit entsteht Klarheit, die wiederum Licht bringt, Licht dort, wo Dunkelheit oder Unklarheit herrscht. Dieses Licht beziehst du aus der Intuition, aus der Weisheit, die in dir erwächst. Die Intuition entspringt dem Geist der Weisheit. Diese Weisheit kommt aus der Tiefe deiner Seele, in der dein Geist wohnt. Es gilt, zwischen Weisheit und Wissen zu unterscheiden. Wissen wird über äußere Maßnahmen errungen: durch Studieren, Lesen, Aufnehmen, Zuhören.

Die Weisheit wird über den inneren Weg erworben. Dies geschieht durch die Aktivierung des Geistes der Akzeptanz, des Geistes der Geduld, des Geistes der Ernsthaftigkeit, des Geistes der Ordnung.

Über die Aktivierung dieser Geister kannst du in die höchste Ebene kommen, in die Weisheit, und der nächste Schritt, jener in die Liebe, ist somit schon vorbereitet. Die Geister, die du bisher in dir aktiviert hast, finden ihre Krönung in den beiden höchsten Geistern, der Weisheit und der Liebe.

Aus den ersten drei Geistern entspringt die Ordnung, die göttliche Ordnung, um dann im fünften Schritt einen starken Willen leben zu können. Dieser Wille kommt jetzt aus dem Höheren. Hier spricht der Mensch nicht aus dem eigenen Willen heraus, jenem Willen, der aus dem Ego stammt, sondern aus dem Willen des Höchsten.

Weisheit durch Intuition

Weisheit ist geistiges Licht. Es wird Licht in dir. Du erkennst immer mehr das, was deine physischen Augen nicht sehen. Es ist die Intuition. Es ist eine innere Stimme, die jedoch nicht aus den konditionierten Bereichen heraus entsteht, sondern aus deiner authentischen Seinsebene. Es ist die höhere, die göttliche Ebene in dir. Aus dieser höchsten Instanz heraus erfährst du Führung, wenn du dich ihr erschließt. Die große Herausforderung liegt darin, hinzuhören und zuzuhören – zuzuhören völlig frei von Verurteilungen, Beurteilungen oder Vergleichen. In deinem Inneren ist es völlig still und leer, denn nur so kannst du neutral zuhören. Diese Fähigkeit brauchst du in einem erhöhten Maße dir selbst gegenüber.

Dieses Zuhören geschieht über ein Hinfühlen, Hinhören und Hinschauen, und zwar auf geistiger Ebene. Dieses Hinfühlen, Hinhören und Hinschauen bezieht sich auf deine innere Ebene, damit du über deine Intuition geleitet/angeleitet Führung erfahren kannst.

Intuition zeigt sich in vielen Formen:

★ Visionen: Visionen, die immer wieder in dir hochkommen.

★ Träume: Auch hier darfst du immer wieder hinfühlen, hinhören und hinschauen, was dir deine Träume sagen wollen.

★ Immer wiederkehrende Gedanken/Ideen/Eingebungen: Daraus können wichtige Informationen kommen, die dich dann wieder anleiten, auf deinem Weg hin zur Realisierung deiner Lebensaufgabe weiterzugehen.

Es ist Weisheit, die dich aus deinem Inneren heraus führt/anleitet, und das auf der höchsten Ebene, der geistigen Instanz. Folge deiner Weisheit, nicht deinem Wissen.

Zuhören befähigt dich, in die Klarheit zu kommen. Aus der Klarheit heraus geschieht dann

Führung aus der höchsten Seinsebene. Diese Qualität des Zuhörens braucht Neutralität, das heißt ohne Einflüsterungen aus deiner konditionierten Seite. Durch dieses Zuhören bist du fähig, die konditionierten Stimmen von der authentischen Stimme zu unterscheiden. Du erkennst immer mehr, um welche Stimme es sich handelt, ob sie aus den konditionierten Anteilen, aus den Teilpersönlichkeiten kommt oder ob es die leise Stimme in dir ist, die niemals beeinflussen will, nicht manipulieren will, sondern eine Führung anbietet.

Diese Führung kannst du annehmen, wenn du über das Zuhören in dir zu Klarheit gekommen bist. Diese Klarheit zeigt dir deine Mission, jene Mission, die in der Lage ist, die Grenzen des kleinen Ich, des kleinen Ego zu sprengen. Somit bist du auf deinem eigenen Weg unterwegs und nicht fremdbestimmt. Das ist das Ziel und die Aufgabe des sechsten Geistes, der Weisheit, dass du immer mehr in die Lage kommst, deiner ureigenen Weisheit, die aus den höchsten Ebenen kommt, folgen zu können.

DIE EIGENE MISSION LEBEN, OHNE ZU MISSIONIEREN

Hast du deine Mission erkannt, entsteht ein starkes Schwingungsfeld in dir. Dieses Schwingungs- beziehungsweise Energiefeld in dir oszilliert und strahlt nach außen. Durch dieses Energiefeld und wenn du deine Lebensaufgabe als deine Mission erkannt hast und lebst, entsteht sehr viel Begeisterungskraft in dir. Genau hier beginnt die Gratwanderung.

Es ist deine Aufgabe, deine Mission in voller Begeisterung und mit Elan zu leben.

Dabei musst du jedoch stets darauf achten, die Menschen vollkommen frei zu lassen, damit du nicht Gefahr läufst, diese zu missionieren. Die klar formulierte Absicht, nicht manipulieren, beeinflussen, überzeugen zu wollen, ist wichtig, um kraftvoll deine Mission zu leben. Das befähigt dich und erlaubt dir, deine Fähigkeiten und deine Lebensaufgabe mit all deinen Kräften zu leben und zu kommunizieren. Dadurch kannst du andere begeistern.

Sobald du jedoch ins Missionieren gerätst, manipulierst du. Manipulative Energie führt dazu, dass sich die anderen verschließen.

Sie fühlen intuitiv, dass die Energie, die hier auf sie einströmt, nicht förderlich für die eigene Entwicklung ist. Überprüfe deshalb, welche Motivation hinter deinen Ausführungen/Begleitungen steht, um auf keinen Fall in die Falle des Manipulierens, Beeinflussens und Überzeugenwollens zu geraten.

DEIN GEIST – DEINE ESSENZ

Weisheit ist nicht gleichzusetzen mit der Verstandesintelligenz. Weisheit umfasst alle Intelligenzformen, die in dir liegen.

Welche Intelligenzformen sind das?

★ INTELLIGENZ DES VERSTANDES – sie macht sieben Prozent der menschlichen Gesamtintelligenz aus;

★ INTELLIGENZ DES HERZENS – hier ist die emotionale Intelligenz, die Herzintelligenz gemeint;

★ INTELLIGENZ DES KÖRPERS – sie läuft in den allermeisten Fällen vollkommen unbewusst ab. Es sind die vielen chemischen Abläufe in deinem Körper, auf die du kaum Einfluss hast.

Setze deine Verstandesintelligenz ein, um deine Weisheit aus deinem Herzen und deinem Körper nutzen zu können. Die Verstandesintelligenz ist für dich eine äußerst wichtige Instanz, damit du überhaupt diese Intelligenzen, die du in dir trägst, nutzen kannst.

Der Mensch sollte nicht im Außen, sondern im Innen nach Herz- und Körperintelligenz suchen. (Foto: Martina Kiss)

Die Quelle der menschlichen Weisheit

Mineral	Pflanzen	Tier	Mensch
Körper	Körper	Körper	Körper
	seelenähnliche Äußerung	Seele	Seele
			Geist

Der Mensch – Geist, Seele, Körper

Über deinen Körper bist du mit dem gesamten Naturreich verbunden. Deine Seele ist die substanzielle Ebene und diese hast du mit dem Tierreich gemeinsam. Was den Menschen auszeichnet und unterscheidet, ist das dritte Element – der Geist. Nur der Mensch verfügt über einen in ihm lebenden Geist. Es ist die essenzielle Ebene. Der Geist in dir ist deine Essenz. Zu dieser Essenz gilt es, zurückfinden. Deine Aufgabe besteht darin, in dir Raum für deine Essenz zu schaffen. Dies gelingt über das Entlassen all jener Energien, die für dich nicht förderlich sind und die dich hindern, dich geistig zu entfalten und auszudrücken. Der Geist muss nicht entwickelt werden, er braucht einfach nur Raum, damit er sich ausdrücken, entfalten kann.

★ WOHER KOMMST DU?

Aus der Geisteswissenschaft wissen wir, dass 90 Prozent aller Menschen, die auf der Erde leben, den Entwicklungsweg über das Naturreich vollzogen haben. Diese Naturreiche werden in das Mineral-, Pflanzen- und Tierreich unterteilt. Auf der Ebene des Mineralreichs ist erkennbar, dass das Mineral über einen Körper verfügt. Das Pflanzenreich verfügt über eine Körperlichkeit und eine seelenähnliche Äußerung. Pflanzen empfangen Schwingungen, die sie gedeihen oder auch eingehen lassen. Im Tierreich ist klar erkennbar, dass Tiere einen Körper sowie eine ausgeprägte Seele haben. Das Pferd nimmt hier sicher eine Ausnahmestellung ein, denn seine Seele ist äußerst ausgeprägt und stark und zudem sehr empathisch. Es trägt Emotionen in sich, kommuniziert und empfängt über Emotionen und Schwingungen. Die Krönung der Schöpfung ist im Menschen zu erkennen. Er besitzt einen Körper, eine Seele und einen Geist. Er ist ein dreigliedriges Wesen. Der Mensch hat die gesamte Natur auf körperlicher und seelischer Ebene durchlaufen, das heißt, er trägt die gesamte Weisheit der Natur auf Körper- und Seelenebene in sich. Dazu kommt der Geist.

Nun können wir eine Ahnung davon bekommen, wie weise ein Mensch aus sich heraus ist, wenn er sich diesen Ebenen zuwendet. Es gilt, nicht im Außen nach der Weisheit zu suchen, sondern in sich einen Zugang zur Herz- und Körperintelligenz zu finden, einen Zugang zu der Weisheit, die im Menschen liegt.

Die höchste Qualität – die Liebe

Die höchste Qualität ist die Liebe. Sie wird in der Gegenwärtigkeit geboren. Der Verstand dient dir und hat nicht mehr die Oberhand. In dieser Gegenwärtigkeit erlebst du, wie die Liebe in dich einfließt. Es ist das Höchste, der Geist in dir, die Essenz, die aus den höchsten Energien, der Liebe und der Weisheit, besteht. Die Stille ist eine Eingangspforte für den Frieden, die Ruhe, das Eintreten in die zeitlose Dimension. Es ist die Dimension der Fülle, der Freude, der Freiheit und der Leichtigkeit.

Es gibt nur zwei Arten, das Leben zu leben. Du kannst das Leben aus der Angst leben oder aus der Liebe. Schaffe in dir das Bewusstsein, wie die jeweiligen Lebensbereiche angegangen werden, aus welcher Qualität du Entscheidungen triffst. Triffst du Entscheidungen aus der Liebe heraus, generierst du Liebe. Werden Entscheidungen hingegen aus der Angst heraus getroffen, generierst du immer mehr Angst.

Die höchste Energieform der Liebe kann auch als Sanftmut übersetzt werden. Die Liebe in Kombination mit der Weisheit erzeugt Kraft und

Macht des Willens aus der höchsten Ebene. Eine andere Betrachtung kann dir helfen, dieses komplexe Konzept zu verstehen. Das Beispiel der Kerze ist hierbei eine Hilfe: die Kerze, die das Feuer ist, das wir mit der Liebe gleichsetzen können. Das Feuer erzeugt Licht und das Licht ist die Weisheit. Feuer und Licht generieren zudem Wärme und diese kann in Macht und Kraft übersetzt werden, den eigenen Willen.

AUSBALANCIERTES WACHSTUM IN EIN BEWUSSTES LEBEN

Um in die höchsten Energien/Qualitäten eintreten zu können, brauchst du ein sicheres Fundament. Dieses Fundament stützt sich auf den Geist der Geduld kombiniert mit dem Geist der Ernsthaftigkeit. Diese beiden Geister machen es dir möglich, in die Ordnung zu kommen. Sie werden durch den Geist der Akzeptanz und Barmherzigkeit getragen. Du brauchst diese drei Geister, um dich entwickeln zu können, um in die Höhe steigen zu können, hin zur Ordnung. An dieser Stelle können die Liebe und die Weisheit in dir aktiviert werden. Macht und Kraft können sich somit im Physischen, im Irdischen, im täglichen Leben offenbaren. Es ist das erste Chakra, das zentrale Chakra, die wichtigste Kraft für ein ausbalanciertes Wachstum. Stark zu sein, ist kein Luxus, sondern das Resultat einer geistig seelischen Entwicklung. Fragen zur Reflexion:

★ Warum will das Leben dich stark?

★ Warum führen die Lehren der Pferde dich in deine Stärke?

Die Antwort ist einfach: da nur ein starker Mensch das Höchste in sich aufnehmen und übersetzen kann. All diese Lehren, der Pferde, der Natur, des Lebens, zielen darauf hin, dass du stark wirst, stark auf Seelenebene, damit das Geistige in dir Raum findet, damit das Geistige in das Alltägliche fließen kann. Die Schritte vom ersten bis zum sechsten Chakra zielen darauf ab, den Menschen stark, stabil und zentriert zu machen. Über die Geduld und Ernsthaftigkeit erlangst du Ordnung und über deinen bewussten Willensimpuls fließt das Höchste ein, die höchste Kraft, die als Gott bezeichnet wird, die Ur-Liebe, die Ur-Weisheit und die daraus resultierende Ur-Macht. Deshalb will der Schöpfer, dass der einzelne Mensch machtvoll in sich selbst erwacht, um diese höchsten Qualitäten empfinden und leben zu können.

DIE LIEBE ALS SEINSZUSTAND – DAS PARADIES AUF ERDEN

Wann entsteht nun die Liebe in dir? Mit dieser höchsten Qualität ist nicht die romantische Liebe gemeint, sondern es handelt sich um einen Seinszustand. Du trittst in diesen Zustand ein, wenn du ganz bewusst im Hier und Jetzt lebst. Die Lehren aller großen spirituellen Schulen laden ein, bewusst im Hier und Jetzt zu sein, damit die Liebe und somit auch die Weisheit in den Menschen einfließen kann.

Dieser Seinszustand ist kennzeichnet durch:

★ FRIEDEN: eine friedvolle Stimmung, die du jeden Tag in dir herzustellen bemüht sein darfst.

★ RUHE: in Form einer inneren Ruhe, ruhig sein.

★ ENTSPANNUNG: maximale Gelöstheit bei gleichzeitiger maximaler Aufrichtung. Es ist diese entspannte, gelöste Situation, die du tagtäglich herstellen darfst.

★ ZEITLOSIGKEIT: Stellst du die vorhergehenden Qualitäten täglich in dir her, entsteht eine zeitlose Dimension.

Pferde leben in diesem Zustand. Zeit, wie Menschen diesen Begriff sehen, existiert nicht. Überlege an diesem Punkt, wie du dich fühlst, während du Dinge und Tätigkeiten ausübst, die dir wirklich gefallen, in denen du aufgehst. Dabei vergisst du bestenfalls auch die Zeit. Du bist frei von inneren Stimmen, die automatisiert erzählen, berichten, analysieren, kritisieren. Es herrscht eine innere Leere, die aber gleichzeitig mit der Fülle selbst identisch ist – ein scheinbarer Widerspruch, aber die innere Leere bedingt die Fülle. Denn durch das Freisein von konditionierten Inhalten bist du zurückverbunden mit der höchsten Kraft und daraus entsteht Fülle.

★ FREUDE: Aus all diesen Seinszuständen entsteht Freude, die aus dir kommt und keine Bedingungen stellt.

Es braucht keine äußeren Bedingungen, um in diesen freudvollen Zustand einzutreten, denn die Freude ist vielmehr eine Konsequenz aus all den vorher beschriebenen Qualitäten.

Damit du in diesen Seinszustand kommen kannst, brauchst du die Geister der Akzeptanz, Geduld und der Ernsthaftigkeit. Durch sie stellst du die göttliche Ordnung her. Diese Ordnung entspricht allen vorher aufgezählten Qualitäten, sodass du auch immer wieder einen Leitfaden hast. Dadurch kannst du Emotionen erkennen und verstehen, inwieweit du im jeweiligen Moment in der Ordnung und ausgeglichen bist oder ob du aus der Ordnung herausgefallen und unausgeglichen bist. Bist du aus der Ordnung herausgefallen, kannst du innehalten und auf die Botschaft der Emotion hören, die dir immer dieselbe Botschaft übermitteln will, und zwar „Wache auf und schaue hin“, damit du das konditionierte in pures Bewusstsein transformieren kannst.

7. Kapitel

Öffne deine Seele und dein Herz, dein Pferd folgt nur deinem authentischen Sein.
(Alexandra Rieger)
(Foto: Cosima von Klebelsberg)

Energie und Gesetze

Sieben Chakren und sieben Formeln

1. WURZELCHAKRA – DANKBARKEIT + VERTRAUEN = FÜLLE

Die gelebte Dankbarkeit erschafft in dir Vertrauen. Du entwickelst Vertrauen in das Leben, in dich selbst. Dieses Vertrauen bewirkt im Inneren Fülle. Wenn du dich vertrauensvoll dem Leben hingeben kannst, entsteht in dir Fülle und all das, was du in dir trägst, zeigt sich dann auch im Außen. Die Fülle im Außen ist somit eine Konsequenz aus der Fülle, die du in dir erschaffst.

2. SAKRALCHAKRA – BEOBACHTEN + ERKENNEN = TRANSFORMATION

Beobachten bewirkt ein Erkennen und erst das Erkennen befähigt dich, etwas zu verändern.

Das Beobachten ist hier ein wertfreies Beobachten, ohne zu beurteilen, zu kritisieren. Nur auf dieser Basis kannst du erkennen. Sobald du in das Verurteilen, in das Beurteilen gehst, ist all das, was du erkennst, bereits gefärbt aus den in dir lebenden konditionierten Energien. In diesem Fall ist ein Erkenntnisprozess nicht möglich. Die aus der wertfreien Beobachtung gewonnene Erkenntnis bewirkt eine Transformation.

3. SOLARPLEXUSCHAKRA – MAXIMALE GELÖSTHEIT + MAXIMALE AUFRICHTUNG = FOKUS

Maximale Gelöstheit entsteht aus der Gelöstheit auf mentaler, emotionaler und körperlicher Ebene. Bist du mental gelöst, kannst du dich emotional lösen und so kommst du in die körperliche Gelöstheit. Das ist die maximale Gelöstheit. Du fühlst deinen Körper von innen, du bist in deinem Körper und du spürst ihn. Ab diesem Moment kannst du dich maximal aufrichten. Denn eine Aufrichtung aus einer Verspannung heraus ist immer eine unnatürliche Aufrichtung. Die Aufrichtung, die du erreichen willst, gelingt nur, wenn du maximal gelöst bist. Beide Qualitäten machen es möglich, die Macht des Fokus einzusetzen.

4. HERZCHAKRA – NICHT-REAKTION + VERGEBUNG = HEILUNG

Nicht-Reaktion ist bereits Vergebung. Immer dann, wenn es dir gelingt, nicht in die Reaktion zu gehen, bist du bereits in der Vergebung und das bewirkt dann Heilung.

5. KEHLCHAKRA – EIGENE WAHRHEIT + KOMMUNIKATION = STARKSEIN

Deine ureigene Wahrheit erkennst du auf der Basis deiner Wünsche und deiner Bedürfnisse. Durch das Kommunizieren deiner ureigenen Wahrheit kommst du in deine Macht und Kraft, in deine Stärke. Du wirst in dem Moment stark, in dem es dir gelingt, deine Wahrheit zu kommunizieren und dazu zu stehen.

(Foto: www.adobestock.com)

6. DRITTES AUGE – ZUHÖREN + KLARHEIT = FÜHRUNG AUS DEM HÖCHSTEN

Zum Zuhören gehört, dass ich meiner Innenwelt zuhöre. Du willst die Stimmen der konditionierten Energien von den Stimmen aus der höchsten Seinsebene unterscheiden. Das Zuhören bewirkt Klarheit, die klare Unterscheidung zwischen konditionierter und deiner authentischen Seite, sodass du dich der Führung aus der höchsten Ebene übergeben darfst.

7. KRONENCHAKRA - LIEBE + WEISHEIT = MACHT/KRAFT

Die Liebe gepaart mit der Weisheit, die Macht und Kraft erweckt und dir im Alltag zur Verfügung steht.

Die Gesetze entfalten ihre wahre Kraft, wenn du sie tief auf dich wirken lässt, studierst und verinnerlichst. (Grafik: Johanna Böhm)

Die sieben geistigen Gesetze

Befolgst du die sieben geistigen Gesetze, wirst du zum Selbstgestalter deines Lebens. So wie du die Gesetze der Natur studieren kannst, kannst du auch die Gesetze des Geistes studieren. Die sieben geistigen Gesetze, die von Hermes Trismegistos („Kybalion") so formuliert wurden, haben ihre Gültigkeit auch heute noch. Diese Gesetze sind stets alle gleichzeitig aktiv.

Es ist wichtig, diese Gesetze zu verinnerlichen, damit du anhand dieser Gesetze alle Fragen, die dir das Leben stellt, beantworten kannst. Es gilt, diese Gesetze nicht nur intellektuell aufzunehmen, sondern sie vor allem zu verinnerlichen und sich danach auszurichten.

Meditiere mit diesen Gesetzen und nimm sie so in das tägliche Leben auf, dann entfalten sie ihr Potenzial.

DAS ERSTE GESETZ – DAS ALLES

Das erste Gesetz besagt: Alles ist Geist. Was ist Geist? Wir können Geist nicht definieren, denn die Definition von Geist wäre die Definition von Gott oder der Schöpfung, und das kann der Verstand nicht fassen. Lass jedoch diese Aussage auf dich wirken, dass alles Geist ist, und das auf unterschiedlichen Schwingungsebenen. Die Materie zum Beispiel ist Geist auf einer sehr niedrigen Schwingungsebene, sodass sie für den Menschen unbelebt und unbewegt, ohne jegliche Schwingung erscheint.

Die geistige Realität ist stets die primäre und somit erste Realitätsebene. Aus ihr heraus entsteht alles. Die materielle Realität, das, was im Außen existiert, was messbar ist, betrachtet und angefasst werden kann, ist die sekundäre Realitätsebene. Aus dem Gedanken und aus der Idee entsteht all das, was im Außen existiert. Erkennst du die große Herausforderung, eine Gedankendisziplin zu leben? Denkst du undiszipliniert und unkontrolliert? Dann entsprechen deine Schöpfungen der Qualität deiner Gedankenaktivität. Gedanken lassen in dir Emotionen entstehen.

Sind deine Gedanken nicht ordentlich, diszipliniert und fokussiert, dann entsprechen deine Emotionen der Qualität deiner Gedanken. Durch das selektive Denken nimmst du einen großen Einfluss auf deine Emotionen, sprich auf deine Gefühlslage. Durch das gesteuerte Denken kommst du in die gewünschte Gefühlssituation und dadurch kommst du in einen schöpferischen Prozess. Je fokussierter du denken gelernt hast, desto stärker kannst du schöpferisch tätig sein. Dadurch nimmst du das Leben selbstgestalterisch in die Hand und willst dein Leben nach deinen Wünschen gestalten.

Hermes Trismegitos hat Gott als das „Alles" bezeichnet, er ist männlich wie weiblich. Falls du die religiöse Ansichtsweise als einengend betrachtest, kannst du dich aus den einengenden Definitionen befreien und Gott als „das Alles" betrachten.

DAS ZWEITE GESETZ – ALLES ENTSPRICHT SICH

Das zweite Gesetz ist das Gesetz der Entsprechung, alles entspricht sich. Wie innen so außen, wie außen so innen, wie oben so unten, wie unten so oben. So kann das Leben für dich zum Spiegel werden, denn alles ist eine Entsprechung dessen, was in dir lebt. Jede äußere Situation, jede menschliche Begegnung, alle Dynamiken, die du in deinem Leben erlebst, alles kann dir ein Spiegel sein. Das, was du gerade in deinem Leben als Resultat hast, ist, was in dir lebt.

Aufgrund des ersten Gesetzes kann dir klar werden, dass du jene Situationen und Dynamiken in deinem Leben, die dir nicht gefallen, im Inneren verändern kannst. Nach dem ersten Gesetz geschieht auf der primären Realitätsschiene, der geistigen Ebene, Veränderung. Wahre Veränderung muss von innen nach außen stattfinden. Niemals ist eine tiefe Veränderung möglich, wenn du diese im Außen beginnst. Es muss immer ein Erkenntnisprozess vorangehen, der dir klarmacht, dass das, was in dir lebt, sich auch im Außen manifestiert. Im Innen gilt es, deine inneren Energien dementsprechend zu verändern, damit du in weiterer Folge die gewünschten Resultate im Außen erzielst.

DAS DRITTE GESETZ – ALLES SCHWINGT

Das Gesetz der Schwingung besagt, dass alles vibriert, schwingt, zirkuliert. Nichts steht still. Auch die Materie schwingt und vibriert, wie bereits erwähnt, auf einer niedrigen Schwingungsfrequenz, so niedrig, dass wir Menschen sie nicht mehr wahrnehmen können und uns daher die Materie als fest und stillstehend erscheint.

Jeder Mensch hat eine ganz besondere Ausstrahlung. Diese wird durch die im Menschen lebenden Energien und Qualitäten erzeugt.

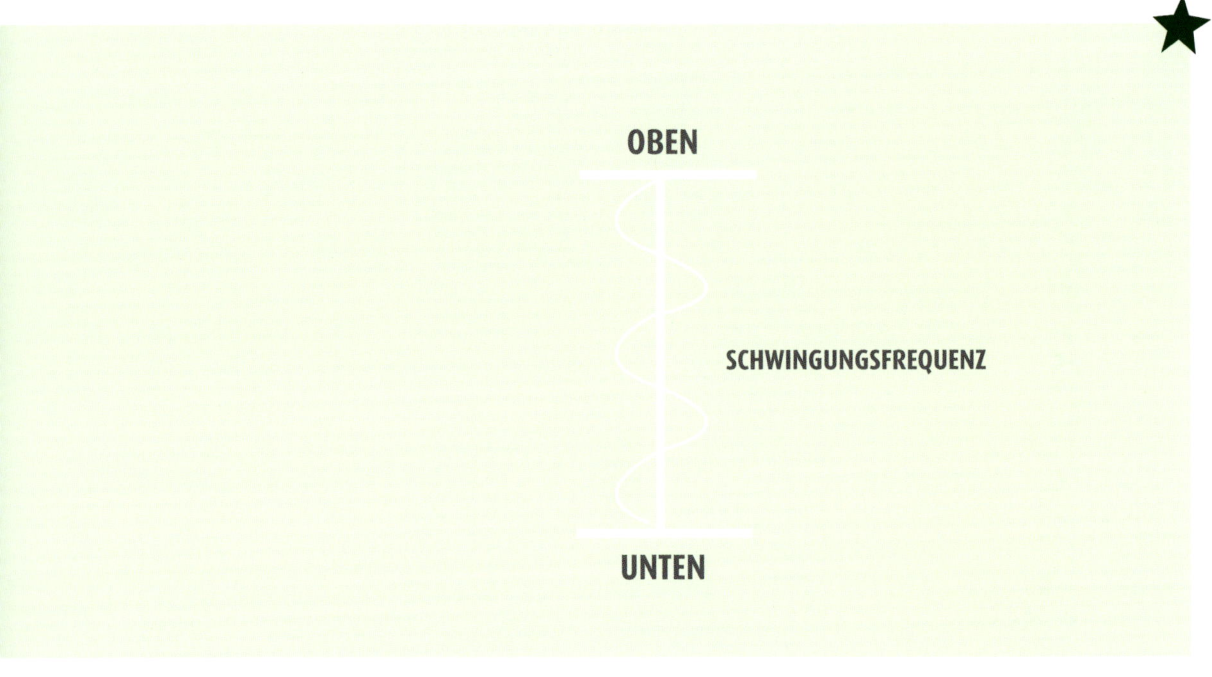

Ziel ist, dass der Mensch täglich danach strebt, auf eine höhere Schwingungsebene zu kommen. (Grafik: Johanna Böhm)

Du erfährst es, indem du die Ausstrahlung eines Menschen erfühlen kannst. Du empfindest ganz grob Sympathie oder Antipathie. Die Stärke der Ausstrahlung hängt von einem zweiten Faktor ab, nämlich vom Bewusstsein. Je höher das Bewusstsein ist, desto stärker ist diese Ausstrahlung. Charismatische Menschen besitzen ein hohes Bewusstsein und haben daher eine sehr hohe Ausstrahlung beziehungsweise Energie.

Menschen mit einer sehr stark positiven Ausstrahlung wirken segensreich. Dann gibt es wiederum Menschen, die ihre Ausstrahlung aus den Teilpersönlichkeiten beziehen. Diese Menschen können auch eine sehr starke Ausstrahlung haben, die dann aber nicht als aufbauend empfunden wird.

Das Eintauchen in die höchste Schwingungsfrequenz ist letztendlich das Ziel unseres Menschseins. Es geschieht Tag für Tag über das Erhöhen deiner eigenen Schwingungsfrequenz. Dabei geht es hier um die dritte Frage, die das Pferd stellt: Kannst du die Gangart bestimmen und auch halten? Täglich bist du eingeladen, deine Schwingungsfrequenz zu bestimmen und zu halten. Dafür braucht es Disziplin sowie die Fähigkeit, wirklich selektiv voranzugehen, Gedanken und Informationen, die in deinen Raum eintreten, zu selektieren. Entscheide, welche Informationen in deinen Raum eintreten dürfen und welche nicht. Dies geschieht, indem du die Informationen bewusst beobachtest und entsprechend transformierst. So bist du informiert. Der Unterschied besteht darin, dass die Informationen keine manipulative Macht haben, deine Schwingungsfrequenz zu senken. Du bestimmst die Gangart in deinem Leben, die Vibration, die Schwingung, sodass du immer mehr auf der authentischen Seinsebene erwachst.

DAS VIERTE GESETZ – ALLES IST POLAR

Das Gesetz der Polarität sagt aus, dass alles eine Polarität besitzt: weiß – schwarz, heiß – kalt, oben – unten, positiv – negativ.

Wenn du das auf das Leben überträgst, kannst du in deinem Leben immer wieder feststellen, dass du an einem bestimmten Punkt in deinem Leben einen negativen Aspekt feststellst. In so einem Moment brauchst du den Geist der Akzeptanz, der zunächst erkennt, dass es diesen negativen Aspekt in deinem Leben gibt. Durch das Erkennen kannst du das Negative analysieren, um daraus zu erkennen, wie das Positive aussieht. Die Ebene des Geistes ist die primäre Realitätsebene. Das heißt, du lässt den Idealzustand auf geistiger Ebene entstehen. Das Negative ist der Impulsgeber, um das Gute, das Bessere zu erschaffen.

In der Regel passiert es allerdings, dass der Mensch sich vom Negativen einfangen und gefangen halten lässt und über ein ständiges Analysieren und Nicht-Akzeptieren diesen negativen Pol so stark werden lässt, dass er dann an einer bestimmten Stelle keinen Ausweg mehr findet. Nimm den negativen Pol her, um das Positive als Ideal in dir entstehen zu lassen, dann entsteht in dir Wachstum.

DAS FÜNFTE GESETZ – ALLES IST RHYTHMUS

Das fünfte Gesetz besagt, dass alles rhythmisch ist wie ein Pendel, das sich von rechts nach links bewegt und umgekehrt und jedes Mal den Tiefpunkt erreicht. Du kannst diesen Rhythmus beobachten: Der Mensch wird geboren, erreicht den Höhepunkt seines Seins und geht dann wieder zurück in das

Kommen Menschen mit gleicher Gesinnung zusammen, erhöht sich die Schwingungsfrequenz in der ganzen Gruppe. (Foto: Cosima von Klebelsberg)

geistige Reich. Diesen Rhythmus finden wir überall im Leben, im Geistigen wie auch im Natürlichen.

Der Hermetiker kann die Gesetze nicht außer Kraft setzen, aber aufgrund der Tatsache, dass er das Gesetz der Vibrationen/Schwingungen in sich erarbeitet hat und danach lebt, kann er seine Schwingungsfrequenz so anheben, dass die Bewegung des Pendels, das nach links und rechts schwingt, dem Tiefpunkt nicht mehr ausgesetzt ist, da der Hermetiker sich am äußersten Ende des Pendels ansiedelt. Er erhöht seine Schwingungsfrequenz so sehr, dass er die Bewegung des Pendels kaum mehr wahrnimmt, während der unbewusste Mensch diese Bewegung jeweils im gesamten Umfang wahrnimmt.

Das Leben des unbewussten Menschen wird als ständiges Auf und Ab empfunden. Er empfindet sich als Spielball des Lebens, das ihn nach oben oder nach unten wirft, je nachdem, wo sich gerade der Ausschlag des Pendels befindet.

Dem kannst du entgegenwirken, indem in dir eine große Motivation entstehen kann und du deine Schwingungsfrequenzen erhöhen willst. Das gelingt durch die Beantwortung der drei Fragen des Pferdes:

★ Kannst du mich bewegen?

★ Kannst du mir die Richtung angeben?

★ Kannst du mir die Gangart vorgeben und diese halten?

Dadurch arbeitest du dich an das eine Extrem des Pendels hoch, an jene Stelle, an der du den Ausschlag nicht mehr oder nur noch gering wahrnimmst. Auf diese Weise lebst du ein stabiles und zentriertes Leben.

DAS SECHSTE GESETZ – JEDE WIRKUNG HAT EINE URSACHE

Das sechste Gesetz besagt, dass jede Wirkung eine Ursache hat und jede Ursache eine Wirkung generiert. Die Aussage „So ein Zufall" wird dann verwendet, wenn die Ursache nicht oder nicht mehr erkannt werden kann. Das lässt dann den Eindruck entstehen, dass das Leben willkürlich ist und Dinge willkürlich entstehen – aus Zufall. Aber den Zufall gibt es nicht. Die Ursachen liegen immer im Geistigen, da die geistige Ebene die primäre Realitätsebene ist. Dieses Gesetz gibt das Verständnis und die Kraft, all jene Situationen zu verändern, die dir in ihren Wirkungen nicht gefallen. Wenn du Wirkungen in deinem Leben hast, die dir nicht gefallen, kannst du in dir eine neue, eine andere Ursache setzen. Diese neue Ursache wird im Außen die gewünschten Wirkungen erzeugen. Alle Gesetze sind im Einsatz – das Gesetz des Geistes, das besagt, dass das Geistige die primäre Realitätsebene ist. Über Gedanken und Emotionen werden Ursachen gesetzt. Wenn deine Gedanken und Emotionen unkontrolliert in dir leben, dann sind die Wirkungen auch unkontrolliert.

Deshalb steht die Gedankenkontrolle an erster Stelle und muss fokussiert werden, so kannst du das Gesetz der Schwingung in Anwendung bringen. Je reiner und fokussierter deine Gedanken sind, desto höhere Schwingungsfrequenzen produzierst du.

Beobachte dich, damit du Gedanken denkst, die nicht nur für dich, sondern für alle und alles segensreich sind. So kannst du aus dem negativen Pol in den positiven gehen und du hast die Möglichkeit, über die Erhöhung deiner Schwingungsfrequenz das Gesetz des Rhythmus nicht außer Kraft zu setzen, sondern die Wirkung dieses Gesetzes in dem Maße abzuschwächen, in dem du gelernt hast, deine Schwingungsfrequenz zu erhöhen.

Klarheit und innere Einstellung sind die Grundpfeiler der Arbeit mit dem Pferd. (Foto: Cosima von Klebelsberg)

DAS SIEBTE GESETZ – DAS GESETZ DES GESCHLECHTS

Das Gesetz des Geschlechts besagt, dass in allem das Weibliche und das Männliche steckt. Übertragen auf den Menschen sagt es aus, dass die Seele der weibliche Aspekt ist, der aufnehmende, empfangende Aspekt, der Geist, die Essenz den männlichen Aspekt darstellt.

Die Aufgabe besteht nun darin, deine Seele aufnahmefähig für den in dir lebenden Geist, für deine Essenz, zu machen. So wird die Seele durch den ureigenen Geist befruchtet und es entsteht ein neues Bewusstsein.

Hier besteht die große Herausforderung in der heutigen Zeit. Du darfst dich immer mehr nach innen wenden, dich deinem ureigenen Geist öffnen, damit dieser einfließen kann und dich aus dir heraus führen, anleiten und belehren kann. Es ist ein Lernen aus dir selbst heraus.

Es ist der Geist, der sich wohl über den Verstand ausdrückt, aber über die Verstandesebene kann nur ein kleiner Teil deiner geistigen Fähigkeiten genutzt werden. Der Geist, der in das Seelische einziehen kann, bewirkt in dir ein erweitertes Bewusstsein. Es ist ein Erstarken aus der eigenen Seele, aus dem eigenen Geist heraus.

Die Forderung an uns soll sein, stets das Beste zu geben. Es ist die Absicht, mit Exzellenz zu dienen. Sie wird dich in all deinem Tun und all deinem Streben tragen und deine Coachees werden das wahrnehmen.

8. Kapitel

★

Lebe durch den Geist der Weisheit und der Liebe und es entstehen unglaubliche Kräfte in dir.

(Alexandra Rieger)

(Foto: Martina Kiss)

TRAININGSPROGRAMM MIT ÜBUNGEN

(Fotos: Martina Kiss)

Wie das Pferd coacht

Das Pferd coacht den Menschen, indem es ihn in ein erhöhtes Körperbewusstsein, Seelenbewusstsein und in ein Bewusstsein seiner geistigen Dimension führt. Im ersten Schritt geschieht dies über eine Dynamik, die in jedem Herdenverband ständig unter den Pferden praktiziert wird. Es ist die Dynamik „Wer bewegt wen?". Je subtiler diese Dynamik von Seiten des Pferdes ausgeführt wird, desto höher steht das Pferd im Hierarchiegefüge. In einem Satz: Das energetisch kraftvolle Pferd bewegt das weniger kraftvolle Pferd. Hier ist zu unterstreichen, dass es sich um eine „Seelenkraft" und nicht um körperliche Kraft handelt.

Im Live-Coaching wird der Coachee in eine Situation geführt, in der er erkennen kann, dass das Pferd den Individualraum seines Gegenübers nur dann wahren wird, wenn dieser tatsächlich energetisch vorhanden ist. Ist der Individualraum nur eine intellektuelle Vorstellung des Menschen, wird das Pferd versuchen, den Raum des Coachees zu betreten. Dies geschieht je nach Charakter des Pferdes mehr oder weniger subtil bis hin zur Übergriffigkeit.

ÜBUNG: INDIVIDUALRAUM WAHREN

Das Pferd darf nicht in den Raum des Coachees treten. Der Coachee wird aufgefordert, seinen Individualraum mit einem Stick oder Gerte auf dem Boden, idealerweise Sand, einzuzeichnen. Das Pferd wird vor dem Coachee positioniert mit dem Auftrag, es nicht in den Raum dringen zu lassen. Es werden sich die unterschiedlichsten Dynamiken zeigen.

(Foto: Martina Kiss)

(Fotos: Martina Kiss)

ÜBUNG: WER BEWEGT WEN?

Der Coachee wird aufgefordert, um sich einen, wenn möglich, sichtbaren Kreis, der seinen Individualraum symbolisiert, zu zeichnen. Die Aufgabe besteht darin, dem Pferd über Körpersprache zu vermitteln, diesen Raum nicht zu betreten. Das Pferd darf dabei nicht berührt werden. Der Coachee muss stets aus einer sicheren Position heraus mit dem Pferd interagieren können. Die Sicherheit des Coachees muss die höchste Priorität des Coaches sein!

Da in den Interaktionen mit dem Pferd alle vier Ebenen eines Menschen angesprochen werden, das heißt die körperliche, die mentale, die emotionale und spirituelle Ebene, sind die Erkenntnisse und Erfahrungen sofort lebendiges Wissen. Dieses lebendige Wissen wird augenblicklich ins tägliche Leben transferiert.

Was geschieht auf der Seelenebene im Coachee? Der Coachee bekommt eine klare Vorstellung von seinem Individualraum. Er kann diesen räumlich und energetisch bestimmen und mit in den Alltag nehmen, um ihn vor unerwünschten Einflüssen zu schützen. Immer mehr kommt der Mensch dadurch in die Fähigkeit, ein selbstbestimmtes Leben zu leben, da er Fremdeinflüsse (durch das bewusste Grenzensetzen) abblocken kann. Durch die Wahrung des Individualraumes erwachsen im Coachee Sicherheit, Stabilität, Zentrierung und Halt.

Durch das Bewusstsein seines Individualraumes kann nun der Coachee beginnen, seinen inneren Seelenraum immer besser wahrzunehmen – ein wichtiger und fundamentaler Schritt, um die Emotionen als das zu erkennen, was sie sind: Botschafterinnen.

ÜBUNG: AUF EINEN PUNKT FOKUSSIEREN

Der Coachee wird aufgefordert, das Pferd vor sich im Abstand zu seinem Individualraum zu positionieren und über das Fokussieren auf einen konkreten Punkt zum Loslaufen zu aktivieren. Wie bei allen Übungen darf das Pferd nicht touchiert, sprich durch einen Stick, eine Gerte oder Ähnliches berührt werden. Es geht schließlich um eine energetische Kommunikation, über die sich der Coachee erfahren und erkennen soll.

Diese Übung sollte ebenfalls vom Coach vorgeführt werden, damit der Coachee erkennt, dass es sich um eine sehr einfache Übung handelt, wenn diese mit Zentrierung, Ruhe und Aufrichtung ausgeführt wird. Der Coachee wird sich der geistigen Dimension, die in ihm liegt, bewusst. Nur auf der Basis einer „inneren Aufrichtung", die aus Zentrierung, Ruhe und Ernsthaftigkeit besteht, kann diese Übung gelingen. Es sind die Aspekte, die in den ersten beiden Begegnungen erarbeitet wurden.

(Fotos: Martina Kiss)

ÜBUNG – LEITSTUTEN-POSITION

Eine weitere Übung besteht darin, den Coachee aufzufordern, das Pferd aus der „Leitstuten-Position" zu führen und dabei seinen Individualraum zu wahren. Diese Übungen bewirken, dass der Coachee erkennt, wie viel oder wie wenig Körperbewusstsein er besitzt. Im ersten Schritt geht es darum, die „Ist-Situation" des Coachees zu ermitteln. Denn nur was „erkannt" wird, kann akzeptiert werden, um es zu verändern. Die Dinge, Situationen, Dynamiken und Energien, die in einem Menschen unbewusst leben und walten, wirken fremdbestimmend und machen den Menschen unfrei. Dieser Bewusstwerdungsprozess des „Im-Körper-Ankommens", um den „Ist-Zustand" klar erkennen zu können, ist unbedingte Voraussetzung, um die weiteren Prozesse einleiten zu können.

Das Pferd wird im weiteren Verlauf testen, ob der Mensch emotional stabil ist oder ob er sich auf dieser Ebene „bewegen" lässt, ob der Mensch in irgendeiner Form reagiert und emotional wird.

Die Übung hierzu sieht vor, den Coachee in eine Situation mit dem Pferd zu führen, die möglichst nicht gelingen kann. Das weiß der Coachee natürlich nicht. Wir stellen ihm eine Aufgabe und machen diese eventuell auch vor, sodass erkennbar ist: Die Aufgabe ist leicht nachvollziehbar.

(Fotos: Martina Kiss)

Um die eigene Persönlichkeit nachhaltig zu festigen, arbeiten Coach, Pferd und Coachee eng zusammen. (Foto: Cosima von Klebelsberg)

Coach, Coachee und Pferd – ein Team

Es gibt eine Reihe an Übungen, die sehr leicht aussehen, doch in der Umsetzung eine gewisse Fertigkeit benötigen, weshalb jedem Coachee in der Ausbildung ein Coach zur Seite gestellt wird – neben dem Coach Pferd. In den meisten Fällen „rutscht" der Coachee sehr schnell in eine Emotion. Hier sollte der Coach im richtigen Moment die Frage stellen: „Wie fühlt es sich an?" Identifiziert sich der Coachee so stark mit seiner Emotion, dass er diese nicht mehr benennen oder als solche erkennen kann, hilft der Coach. Er beschreibt die Dynamik, die er während der versuchten Ausübung der Aufgabe beobachtet hat, und stellt eine Brücke zum täglichen Leben her. Der Coach fragt nun: „Wenn du dich im Alltag in einer solchen Dynamik vorfindest, wie fühlt sich das für dich an?"

In 99 Prozent der Fälle können nun die Coachees eine Emotion oder eine körperliche Empfindung benennen. Dieses In-Kontakt-Kommen mit den Emotionen ist von fundamentaler Bedeutung, um einen Bewusstwerdungsprozess beschreiten zu können, da erst durch das bewusste Erkennen ein Transformieren von negativen „Seeleninhalten" möglich wird. Dies gelingt durch die Präsenz des

Pferdes sehr schnell, auf eine sehr natürliche und sanfte Weise. Der Coachee wird nicht gemaßregelt, verurteilt, belehrt, sondern es ist vielmehr ein „In-den-Spiegel-Schauen" auf energetischer Ebene. Das ist jene Ebene, die nicht sichtbar, berührbar und nicht riechbar ist. Erschwerend kommt im Alltag hinzu, dass sich der Mensch heute so vielen Eindrücken ausgesetzt sieht, dass wenig Raum für ein Bewusstwerden der Emotionen bleibt.

Wurde dagegen in einer Begegnung mit dem Pferd eine Emotion ganz klar und deutlich an die „Oberfläche" geholt, erkannt als das, was sie ist, nämlich Inhalt im Seelenraum, kann der Coachee von nun an auch im Alltag mit seinen negativen Emotionen konstruktiv umgehen.

Im Weiteren zeigt das Pferd dem Coachee, dass es nur bereit ist, mit ihm zu interagieren, wenn dieser kongruent seine Aufforderungen stellt.

Im Coachee erwächst immer mehr Motivation, diese geistigen Qualitäten zu erwerben. Dies ist nur über ein ständiges „Nach-innen-Gehen" möglich. Im weiteren Verlauf wird der Coachee in ein Bewusstsein der „Verbindungsenergie" geführt. Mit Verbindungsenergie ist hier gemeint, dass der Mensch erst in sich „verbunden" sein muss, um sich im Außen mit anderen verbinden zu können.

Es ist ein Sich-Verbinden zwischen dem eigenen Denken, Wollen, Fühlen und Handeln. Das Pferd spürt sofort, ob der Mensch, den er vor sich hat, in sich verbunden ist oder nicht. Wie drückt sich ein „Nicht-verbunden-Sein" aus? Ein „Nicht-verbunden-Sein" drückt sich im Extremfall so aus, dass der Mensch seinen „Denkapparat" nicht unter Kontrolle hat und die Gedanken den Menschen beherrschen. Durch diese chaotische Situation kann der Mensch zu keinem klaren Willensimpuls finden und die Emotionen lassen den Menschen zu einem Spielball dieser Energien werden. Dadurch sind die Handlungen eines solchen Menschen nicht nur kraftlos, sondern in den meisten Fällen chaotisch.

Je nach Charakter des Pferdes fallen die Reaktionen unterschiedlich aus. Meine Pferde, die nach über zehn Jahren der Arbeit am und mit dem Menschen echte Profis sind, werden vollkommen inaktiv und ignorieren an dieser Stelle die Handlungen des Menschen. Um die Aufmerksamkeit meiner Pferde zu erringen, muss der Mensch immense körperliche Handlungen und Anstrengungen unternehmen, um etwas zu erreichen.

Es entsteht im Coachee ein Bewusstsein, dass „nicht die Handlungen im Außen das Resultat bestimmen". Es sind die inneren Energien, die über das Resultat im Außen bestimmen.

Es passiert so oft, dass der Mensch ganz viel im Außen agiert und wenn das nicht die gewünschten Resultate liefert, dann macht er einfach noch mehr und mehr und mehr. Dies kann bis zum Ausgebranntsein führen – dem Burn-out.

(Foto: Raidho Healing Horses)

Danke …

… zu sagen geht für mich immer mit Demut dem Leben gegenüber einher. Eine tiefe Dankbarkeit empfinde ich den Wesen gegenüber, ohne deren Hilfe dieses Buch nicht entstanden wäre, die mich seit Jahren begleiten, mir als Partner, Coaches und vierbeinige Freude zur Seite stehen und deren heilende Kräfte ich entdecken durfte – meinen Pferden. Ich durfte erfahren, dass alle Pferde diese Kräfte besitzen und wir Menschen diese einsetzen können, um „heil" zu werden. Ist der Mensch auf seelischer Ebene gesundet, dann begleiten uns die Pferde weiter, indem sie uns „coachen", das heißt, sie holen das „Beste" aus uns heraus. In den letzten zehn Jahren konnte und durfte ich Hunderten von Menschen zeigen, wie sie die heilenden Kräfte der Pferde einsetzen. Im Laufe meiner intensiven Arbeit mit den Pferden durfte ich von den Pferden lernen, wie sie coachen. Ich bedanke mich bei all meinen Kursteilnehmer:innen, Raidho-Trainer:innen und Raidho Equi Coaches dafür, dass sie die „Lehren der Pferde" in ihr berufliches und privates Wirken umsetzen. Aus ganzem Herzen bedanke ich mich beim Leben selbst, denn es beschenkt mich täglich mit der Möglichkeit, in der Natur und damit mit den Pferden sein zu können. Ich darf die Schönheiten und Weisheit der Natur hautnah erleben, und das ist ein unbezahlbarer Reichtum, für den ich unendlich dankbar bin.

Ich bedanke mich ganz herzlich bei meiner Schwägerin und meinem Bruder, denn sie haben mir ein Pferd ganz besonderen Wertes geschenkt, das meine Arbeit mit den Menschen enorm bereichert.

In den letzten Jahren hat sich meine Arbeit immer weiter ausgedehnt und ist mittlerweile sehr umfangreich geworden, und dies vor allem auch dank der Kommunikation durch Cosima von Klebelsberg, die für die deutsch- und englischsprachigen Publikationen verantwortlich ist, und Mariangela, die für die italienische Kommunikation verantwortlich ist.

Zum Schluss möchte ich noch Hans Schmidtke und Martina Kiss vom Crystal Verlag danken, die an mich geglaubt und meine Bücher verlegt haben.

Notizen

Ein weiteres Buch der Autorin

Wie Pferde heilen
Alexandra Rieger
Schritt für Schritt Energie erfühlen und die eigene Seele aktivieren
Format: 17 cm x 24 cm, 128 Seiten, farbige Abbildungen,
ISBN: 978-3-95847-021-7
19,90 €

Pferde sind Begleiter in allen Gefühls- und Empfindungsfragen. Durch ihre Erdung erkennen sie wenn Menschen weit weg vom eigenen Ich sind. Das kann auf Dauer zu schweren körperlichen und psychischen Erkrankungen führen.

Durch die Klarheit, die uns Pferde zeigen, helfen sie uns, zu unserer Persönlichkeit zu finden und heilen so uns Menschen auf eine feine und achtsamen Weise. Wir lernen Verantwortung zu übernehmen und zu unserer Mitte zurückzufinden.

Aus dem Inhalt:

- Energien erfühlen und wahrnehmen
- Erkennen und Auflösen seelischer Traumata – des Schmerzkörpers
- Erdung erarbeiten und Klarheit gewinnen
- Wandel zur eigenen Persönlichkeit – zurück zum Ich
- Trainingsprogramm mit Übungen

SOLL SICH **DEIN PFERDE** VERÄNDERN, SEI **DU** DIE **VERÄNDERUNG**

Ina Ruschinski

DEIN PFERD – SPIEGEL DEINER SEELE

Pferde berühren uns auf eine tiefgreifende, empathische Art, der wir uns nicht entziehen können. Der Weg zum besseren Pferdeverständnis und zur echten Harmonie heißt auch, neue Wege zu gehen.

ISBN: 978-3-95847-016-3
16 cm x 21 cm
192 Seiten; € 19,90 (D)

Dr. Christina Fritz

ERKENNE DEIN PFERD IN DEN 5 ELEMENTEN

Mit der chinesischen Lehre zur Persönlichkeit deines Pferdes!
Lernen Sie durch die 5-Elemente-Lehre den Charakter und die körperliche Konstitution Ihres Pferdes besser kennen und dadurch das Training oder die Haltungsform darauf abzustimmen.

ISBN: 978-3-95847-018-7
17 cm x 24 cm
96 Seiten; € 16,90 (D)

Tina Schumacher

„Das Flüstern der Pferde"

Die acht größten Potenziale aus der Begegnung mit Pferden Schulen Sie ihre Wahrnehmung und erwecken Sie dadurch ihre Potenziale aus der Begegnung mit den Pferden.

ISBN: 978-3-95847-026-2
16 cm x 21,5 cm
176 Seiten; € 22,00 (D)

Alle Bücher sind auch als ebooks erhältlich!
Jetzt bestellen bei
www.crystal-verlag.com